# TRANSFORMADORES
## teoria e ensaios

**Blucher**

**José Carlos de Oliveira**
Professor titular da Universidade
Federal de Uberlândia

**João Roberto Cogo**
Professor titular da Escola Federal
de Engenharia de Itajubá

**José Policarpo G. de Abreu**
Professor titular da Escola Federal
de Engenharia de Itajubá

# TRANSFORMADORES
## teoria e ensaios

2ª edição

*Transformadores: teoria e ensaios, 2ª edição*

© 2018 José Carlos de Oliveira, João Roberto Cogo, José Policarpo G. de Abreu

1ª edição – 1984

2ª edição – 2018

2ª reimpressão – 2022

3ª reimpressão – 2025

Editora Edgard Blücher Ltda.

# Blucher

Rua Pedroso Alvarenga, 1245, 4º andar

04531-934 – São Paulo – SP – Brasil

Tel.: 55 11 3078-5366

**contato@blucher.com.br**

**www.blucher.com.br**

Segundo o Novo Acordo Ortográfico, conforme 5. ed. do *Vocabulário Ortográfico da Língua Portuguesa*, Academia Brasileira de Letras, março de 2009.

É proibida a reprodução total ou parcial por quaisquer meios sem autorização escrita da editora.

Todos os direitos reservados pela Editora Edgard Blücher Ltda.

Dados Internacionais de Catalogação na Publicação (CIP)
Angélica Ilacqua CRB-8/7057

Oliveira, José Carlos de

Transformadores : teoria e ensaios / José Carlos de Oliveira, João Roberto Cogo, José Policarpo G. de Abreu. – 2. ed. – São Paulo : Blucher, 2018.

192 p. : il.

Bibliografia

ISBN 978-85-212-1345-1

1. Máquinas elétricas 2. Máquinas elétricas – Conversão eletromecânica 3. Transformadores elétricos I. Cogo, João Roberto. II. Abreu, José Policarpo G. de. III. Título.

| 18-1250 | CDD 621.314 |

Índice para catálogo sistemático:

1. Transformadores : Engenharia elétrica   621.314

Obra publicada com a colaboração do
Fundo de Desenvolvimento Tecnológico da
CENTRAIS ELÉTRICAS BRASILEIRAS S.A.
ELETROBRÁS

em convênio com a
ESCOLA FEDERAL DE ENGENHARIA DE ITAJUBÁ — EFEI

# Prefácio

Com o desenvolvimento de novas técnicas e sofisticados equipamentos, cresce cada vez mais a publicação de textos avançados nos diversos setores da Engenharia. Algumas áreas, entretanto, envolvendo principalmente a chamada Engenharia de Base continuam ainda deficitárias em termos de bibliografia de conteúdo mais específico.

Estando envolvidos por mais de uma década na parte experimental do ensino de transformadores e máquinas elétricas, sentimos a necessidade de textos específicos para disciplinas de cunho eminentemente prático.

Reunimos então, em notas de aulas, uma gama muito grande de informações relativas a técnicas e procedimentos de laboratório, possibilitando uma melhor compreensão dos métodos e objetivos dos testes de tipo e protótipos, assim como de ensaios de rotina em transformadores e, deste modo, contornamos, em parte, a deficiência literária existente.

Para nossa grata surpresa, além de atender os objetivos específicos das disciplinas afetas, tais notas de aulas passaram a ser requisitadas também por parte de profissionais ligados ao assunto. Deste interesse, nasceu e cresceu então a idéia de transformação do material no texto mais abrangente que ora apresentamos.

Seguindo a mesma metodologia obedecida durante as inúmeras aulas ministradas, a apresentação do material foi dividida em duas partes principais. Na primeira, oferecem-se informações teóricas sobre o assunto, enquanto que, na segunda parte, na mesma ordem, apresentam-se sugestões de procedimentos para execução dos ensaios.

Com esta forma de apresentação, acreditamos que o trabalho seja útil não apenas aos professores e alunos de cursos técnicos e de Engenharia Elétrica, mas também aos engenheiros e técnicos que atuam nos campos de ensaios em transformadores.

Tantas pessoas contribuíram, incentivaram e colaboraram para a concretização deste trabalho que seria ousadia agradecer a alguém em particular. Assim, agradecemos a todos que, durante vários anos de trabalho junto a Escola Federal de Engenharia de Itajubá, contribuíram para a concretização deste trabalho.

Esperamos que este primeiro volume de uma série programada de quatro livros venha prestar uma colaboração à comunidade profissional. Agradecemos aos colegas e alunos que, conhecendo o conteúdo deste livro, venham, através de críticas e sugestões, contribuir para futuros aprimoramentos deste trabalho.

Agradecemos às Secretárias do Departamento de Eletrotécnica da EFEI pela dedicação e boa vontade na datilografia dos originais.

Em especial, agradecemos ao desenhista Argemiro dos Santos do mesmo Departamento.

JOSÉ CARLOS DE OLIVEIRA  *Novembro/1983*

# Conteúdo

**TEORIA**

## CAPÍTULO 1 – OPERAÇÃO A VAZIO

1. Objetivo.................................................................................... 1
2. Perdas no núcleo................................................................... 1
3. Corrente a vazio.................................................................... 3
4. Forma de onda da corrente a vazio............................... 5
5. Corrente transitória de magnetização (*inrush*)....... 8
6. Relação de transformação............................................... 10
7. Determinação dos parâmetros: $R_m$, $X_m$ e $Z_m$.......... 13
8. Adaptação para transformadores trifásicos.............. 15

## CAPÍTULO 2 – OPERAÇÃO EM CURTO-CIRCUITO

1. Objetivo.................................................................................... 19
2. Perdas no cobre (Pj)........................................................... 19
3. Queda de tensão ($\Delta V$)...................................................... 20
4. Impedância (Z%), resistência (R%) e reatância (X%) percentuais.............................................................................. 23
5. Perdas adicionais................................................................. 26
6. Adaptação para transformadores trifásicos.............. 26

## CAPÍTULO 3 – RIGIDEZ DIELÉTRICA DE ÓLEOS ISOLANTES

1. Objetivo.................................................................................... 28
2. Generalidades........................................................................ 28
3. Os processos de filtragem................................................. 30
4. Estufas de secagem............................................................. 32
5. Ensaio de rigidez dielétrica.............................................. 32
6. Controle de acidez............................................................... 35

## CAPÍTULO 4 – VERIFICAÇÃO DAS CONDIÇÕES TÉRMICAS DE OPERAÇÃO

1. Objetivo.................................................................................... 40
2. Métodos de ensaio............................................................... 40
3. Método de curto-circuito: execução............................. 41
4. Determinação da temperatura ambiente..................... 42
5. Duração do ensaio e medida da temperatura do óleo............... 43
6. Duração do ensaio e medida da temperatura dos enrolamentos.. 43
7. Alguns problemas gerais relacionados ao aquecimento............ 46

## CAPÍTULO 5 – RENDIMENTO E REGULAÇÃO DE TENSÃO

1. Objetivo........................................................................................ 48
2. Rendimento de transformadores................................................ 48
3. Regulação de tensão para transformadores............................. 52

## CAPÍTULO 6 – POLARIDADE DE TRANSFORMADORES MONOFÁSICOS E ANÁLISE INTRODUTÓRIA DE DEFASAMENTOS DE TRANSFORMADORES TRIFÁSICOS

1. Objetivo........................................................................................ 60
2. Polaridade de transformadores monofásicos ........................... 60
3. Marcação dos terminais.............................................................. 61
4. Métodos de ensaio ...................................................................... 62
5. Polaridade em transformadores trifásicos – análise de defasamento angular....................................................................... 65

## CAPÍTULO 7 – PARALELISMO

1. Objetivo........................................................................................ 77
2. Mesma relação de transformação ou valores muito próximos ...... 78
3. Mesmo grupo de defasamento ................................................... 81
4. Mesma impedância percentual (Z%) ou mesma tensão de curto circuito ou valores próximos ....................................................... 85
5. Mesma relação entre reatância e resistência equivalente.......... 86

## CAPÍTULO 8 – VERIFICAÇÃO DO ISOLAMENTO: RESISTÊNCIA DE ISOLAMENTO, TENSÃO APLICADA E TENSÃO INDUZIDA

1. Objetivo........................................................................................ 90
2. Solicitações do isolamento.......................................................... 90
3. Resistência de isolamento........................................................... 91
4. Tensão aplicada ........................................................................... 97
5. Tensão induzida............................................................................ 99

## CAPÍTULO 9 – ENSAIO DE IMPULSO

1. Objetivo........................................................................................ 101
2. Natureza das sobretensões ........................................................ 101
3. O ensaio de impulso .................................................................... 103
4. Ligação dos transformadores ..................................................... 106
5. Ondas a serem aplicadas............................................................. 107
6. Análise dos defeitos..................................................................... 110
7. Exemplo de valores de ondas a serem aplicadas no ensaio em um transformador de 15 kV-B................................................ 110

## CAPÍTULO 10 – INTRODUÇÃO AO FENÔMENO DE HARMÔNICOS

1. Objetivo..................................................................................... 111
2. Geração dos componentes harmônicos ..................................... 112
3. Transformadores trifásicos........................................................ 115

## CAPÍTULO 11 – ENSAIO A VAZIO EM CURTO DE TRANSFORMADORES DE TRÊS CIRCUITOS

1. Objetivo..................................................................................... 122
2. O transformador de três circuitos............................................. 122
3. Circuito equivalente do transformador de dois circuitos........... 123
4. Circuito equivalente do transformador de três circuitos........... 125
5. Ensaio em curto-circuito ........................................................... 126
6. Relação de transformação ......................................................... 128

## CAPÍTULO 12 – AUTOTRANSFORMADORES

1. Objetivo..................................................................................... 130
2. Representação de um autotransformador .................................. 130
3. Relações de tensões e correntes ................................................ 131
4. Potência nominal e rendimento do autotransformador ............. 133
5. Circuito equivalente do autotransformador .............................. 134
6. Autotransformadores trifásicos................................................. 137

## CAPÍTULO 13 – TRANSFORMADORES TRIFÁSICOS – CONEXÕES E APLICAÇÕES

1. Objetivo..................................................................................... 139

## ENSAIOS

1. Ensaio a vazio ........................................................................... 145
2. Ensaio em curto-circuito ........................................................... 148
3. Ensaio para a determinação da rigidez dielétrica do óleo isolante..................................................................................... 151
4. Ensaio de aquecimento .............................................................. 155
5. Ensaio para a determinação de valores de rendimento e de regulação............................................................................ 158
6. Polaridade e defasamento angular (D.A.) .................................. 160
7. Operação em paralelo de transformadores ................................ 162
8. Ensaio de tensão aplicada, tensão induzida e verificação da resistência de isolamento....................................................... 165
9. Ensaio de impulso ..................................................................... 167
10. Ensaio de observação de componentes harmônicos ................... 169
11. Ensaios a vazio e em curto em transformadores de três circuitos.. 172

**BIBLIOGRAFIA**................................................................................ 174

# Lista de Símbolos

AT — Lado de alta tensão ( = TS)

BT — Lado de baixa tensão ( = TI)

B — Indução magnética

CA — Corrente alternada

CC — Corrente contínua

D.A. — Defasamento angular

d — Espessura da chapa do núcleo

$E_1$ — Força contra-eletromotriz

$E_2$ — Força eletromotriz

fc — Fração de plena carga

f.p. — Fator de potência ( = cos $\psi$)

f — Freqüência

$I_n$ — Corrente nominal

$I_p$ — Componente ativa de corrente

$I_q$ — Componente reativa de corrente

$I_o$ — Corrente a vazio

$I_{cir}$ — Corrente de circulação

$K_s$ — Coeficiente de Steimmetz

$K_t$ — Relação de transformação teórica

K — Relação de transformação prática

$K_N$ — Relação do número de espiras

$K_\theta$ — Coeficiente de correção de temperatura

$1_1$ — Indutância de dispersão do enrolamento primário

$1_2$ — Indutância de dispersão do enrolamento secundário

$N_1$ — Número de espiras do enrolamento primário

$N_2$ — Número de espiras do enrolamento secundário

$P_1$ — Potência ativa de entrada

$P_2$ — Potência ativa de saída

$P_F$ — Perdas por correntes parasitas

$P_{cc}$ — Perdas em curto

$P_j$ — Perdas no enrolamento

$P_o$ — Perdas em vazio

$P_H$ — Perdas por histerese

Reg% — Regulação de tensão em porcentagem

$R_{mag}$ — Relutância magnética

$R_m$ — Resistência do ramo magnetizante

$R_1$ — Resistência equivalente dos enrolamentos primário e secundário referida ao primário

$R_2$ — Resistência equivalente dos enrolamentos primário e secundário referida ao secundário

$r_1$ — Resistência elétrica do enrolamento primário

$r_2$ — Resistência elétrica do enrolamento secundário

R% — Resistência porcentual

| | | |
|---|---|---|
| S | — | Potência aparente |
| $S_n$ | — | Potência aparente nominal |
| T | — | Período |
| TS | — | Lado de tensão superior (= AT) |
| TI | — | Lado de tensão inferior (= BT) |
| TTR | — | Transformer turns ratio (Medidor da relação de número de espiras) |
| U | — | Grandeza em seu valor eficaz |
| U | — | Grandeza representada por fasor |
| u | — | Grandeza em seu valor instantâneo |
| $U_{máx}$ | — | Grandeza em seu valor máximo |
| V | — | Tensão |
| $V_{cc}$ | — | Tensão de curto-circuito |
| $V_n$ | — | Tensão nominal |
| $X\%$ | — | Reatância porcentual |
| $X_1$ | — | Reatância de dispersão equivalente dos enrolamentos primário e secundário referida ao primário |
| $X_2$ | — | Reatância de dispersão equivalente dos enrolamentos primário e secundário referida ao secundário |
| $x_1$ | — | Reatância de dispersão do enrolamento primário |
| $x_2$ | — | Reatância de dispersão do enrolamento secundário |
| $X_m$ | — | Reatância do ramo magnetizante |
| $Z\%$ | — | Impedância porcentual |
| $Z_1$ | — | Impedância equivalente referida ao primário |
| $Z_2$ | — | Impedância equivalente referida ao secundário |
| $\psi_c$ | — | Argumento da impedância de carga |
| $\psi_i$ | — | Argumento da impedância interna do transformador |
| $\eta\%$ | — | Rendimento em porcentagem |
| $\phi$ | — | Fluxo magnético |
| $\theta$ | — | Temperatura |

# TEORIA
## capítulo 1 — Operação a vazio

### 1. OBJETIVO

O ensaio a vazio de transformadores tem como finalidade a determinação de:
- Perdas no núcleo ou perdas por histerese e Foucault ($P_o$).
- Corrente a vazio ($I_0$).
- Relação de transformação ($K_T$).
- Parâmetros do ramo magnetizante ($R_m$, $X_m$, $Z_m$).

Além dos elementos acima, o ensaio a vazio permite ainda que sejam analisados alguns fenômenos de suma importância para o perfeito entendimento do funcionamento do transformador, por exemplo: — o formato não-senoidal da corrente a vazio; e — a corrente transitória de magnetização.

### 2. PERDAS NO NÚCLEO

As perdas em transformadores devem-se:

- Às correntes que se estabelecem pelos enrolamentos primário e secundário de um transformador sob carga, que dissipam em suas correspondentes resistências uma certa potência devido ao efeito Joule.
- Ao fluxo principal estabelecido no circuito magnético que é acompanhado dos efeitos conhecidos por histerese e correntes parasitas de Foucault. Como os fluxos magnéticos na condição de carga ou a vazio são praticamente iguais, com o ensaio em pauta, podem-se determinar as perdas por histerese ($P_H$) e por correntes parasitas ($P_F$).

A determinação prática das perdas $P_H$ é feita a partir de:

$$P_H = K_s \ B^{1,6} \ f \qquad\qquad (1.1)$$

em que: $P_H$ são as perdas pelo efeito de histerese, em watts por quilograma de núcleo; $K_s$, o coeficiente de Steimmetz (que depende do tipo de material usado no núcleo); $B$, a indução (valor máximo) no núcleo; e $f$, a freqüência em Hz.

Na Tabela 1.1, são transcritos valores de $K_s$ para diversos materiais.

Pela tabela 1.1, pode-se notar a influência da escolha do material do núcleo bem como a influência do silício nas perdas por histerese. Deve-se, entretanto, observar que não só a condição de baixas perdas $P_H$ deve ser considerada, mas também as perdas por correntes de Foucault, que se devem a outros fatores.

O aparecimento das correntes de Foucault é explicado pela lei de Faraday, a qual para este caso seria interpretada como "estando o núcleo sujeito a um fluxo alternado, nele serão induzidas forças eletromotrizes". Considerando um circuito elétrico formado no próprio núcleo, serão estabelecidas correntes obedecendo a sentidos tais como os indicados pelas linhas tracejadas na Fig. 1.1.

**Tabela 1.1**

| MATERIAL | $K_S$ |
|---|---|
| Ferro doce | 2,50 |
| Aço doce | 2,70 |
| Aço doce para máquinas | 10,00 |
| Aço fundido | 15,00 |
| Fundição | 17,00 |
| Aço doce 2% de silício | 1,50 |
| Aço doce 3% de silício | 1,25 |
| Aço doce 4% de silício | 1,00 |
| Laminação doce | 3,10 |
| Laminação delgada | 3,80 |
| Laminação ordinária | 4,20 |

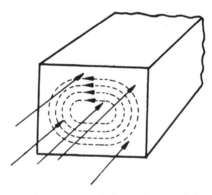

**Figura 1.1** — Estabelecimento das correntes de Foucault num núcleo magnético

O produto da resistência do circuito correspondente pelo quadrado da corrente significa um consumo de potência. As perdas devido ao efeito das correntes parasitas podem ser calculadas pela expressão:

$$P_F = 2{,}2\, f^2\, B^2\, d^2\, 10^{-3} \tag{1.2}$$

em que: $P_F$ são as perdas por correntes parasitas, em watts por quilograma de núcleo; $f$, a freqüência em Hz; $B$, a indução máxima em $Wb/m^2$; $d$, a espessura da chapa em milímetro.

Da expressão (1.2), pode-se observar que a freqüência e a indução influem nas perdas $P_F$; sendo, pois, recomendável o trabalho com valores reduzidos daquelas grandezas. Observa-se, ainda, que as perdas estão relacionadas com o quadrado da espessura do núcleo, surgindo daí, como boa medida, a substituição de um núcleo maciço por lâminas eletricamente isoladas entre si.

Somando as duas perdas analisadas, têm-se as perdas totais no núcleo de um transformador ($P_0$).

$$P_H + P_F = P_0 \qquad (1.3)$$

Em termos práticos, devido ao número de variáveis envolvidas, o uso analítico da fórmula torna-se um tanto complexo no que tange à realização das operações. De modo a resolver tal problema, essas perdas são fornecidas por gráficos. Tais gráficos apresentam as perdas ($P_0$) em função da indução magnética ($B$), mantendo-se a freqüência e a espessura do material como constantes. Exemplos de dois desses gráficos são indicados nas Figs. 1.2 e 1.3.

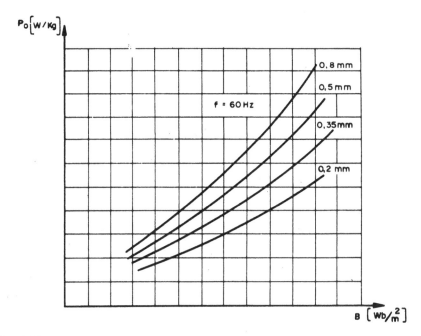

**Figura 1.2** — $P_0 = f(B)$ para diferentes valores de $d$ para $f$ constante

## 3. CORRENTE A VAZIO

Para suprir as perdas e para a produção do fluxo magnético, o primário absorve da rede de alimentação uma corrente denominada corrente a vazio ($I_0$), cuja magnitude pode ser da ordem de até 6% da magnitude da corrente nominal ($I_n$) desse enrolamento.

Considerando que a corrente a vazio tem por função o estabelecimento do fluxo magnético e o suprimento das perdas a vazio, é comum sua decomposição em:

$I_p$, *componente ativa*, responsável pelas perdas no núcleo; e $I_q$, *componente reativa*, responsável pela produção do fluxo magnético principal.

**4** Transformadores teoria e ensaios

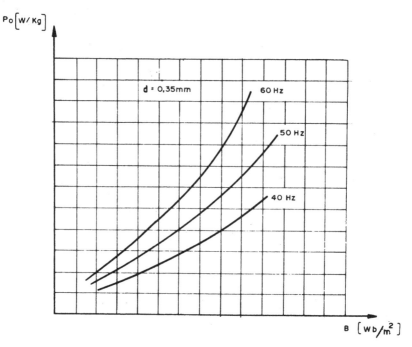

**Figura 1.3** — $P_0 = f(B)$ para várias freqüências e para $d$ constante

A figura a seguir esclarece a citada decomposição. Além da corrente $\dot{I}_0$ e de seus componentes, é também indicada na Fig. 1.4 a tensão aplicada ao primário do transformador.

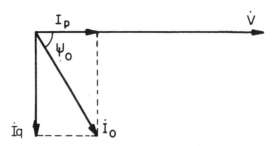

**Figura 1.4** — Diagrama fasorial para o transformador a vazio

Na Fig. 1.4 pode-se verificar que, estando a componente $I_p$ em fase com $V_1$, a mesma é responsável pelo suprimento da potência ativa dissipada no núcleo. Já a outra componente, perpendicular ao fasor $V$, está vinculada a uma potência reativa associada à produção do fluxo magnético.

A determinação das componentes de $I_0$ é feita a seguir:

*a) Cálculo de $I_p$*

Considerando o módulo da corrente a vazio $(I_0)$ e a resistência própria do enrolamento alimentado como igual a $r_1$, nela seria dissipada a potência $r_1 I_0^2$. Como a resistência é pequena — pois para o ensaio a vazio a alimentação é normalmente feita, por motivos de ordem prática, pela baixa tensão —, e a corrente $I_0$ é, como já foi visto, muito pequena, o produto considerado pode ser desprezado e, nessas condições, as perdas totais determinadas pelo ensaio a vazio corresponderiam a $P_0$.

A equação da potência ativa fornecida a um transformador a vazio é:

$$P_0 = V I_0 \cos \psi_0$$

em que: $P_0$ é a potência ativa obtida por leitura de instrumentos durante o ensaio; e $V$, a tensão aplicada, que deverá ser a nominal do enrolamento, de modo que os resultados encontrados no ensaio correspondam ao regime nominal de operação.

Do diagrama fasorial da Fig. 1.4, tem-se:

$$I_0 \cos \psi_0 = I_p$$

Assim:

$$I_p = \frac{P_0}{V} \qquad (1.4)$$

*b) Cálculo de $I_q$*

Do diagrama fasorial tem-se:

$$I_q = \sqrt{I_0^2 - I_p^2} \qquad (1.5)$$

sendo $I_0$ medida durante o ensaio e $I_p$ calculada pela expressão (1.4).

*c) Fator de potência a vazio (cos $\psi_0$)*

Como é natural, o interesse prático é evitar ao máximo as perdas no núcleo, o que seria conseguido empregando-se os recursos anteriormente abordados. Desse modo, a corrente a vazio deve ser quase que totalmente empregada para a magnetização do núcleo, acarretando, em conseqüência, $I_q \gg I_p$, portanto tem-se um alto valor de $\psi_0$, fato este que leva os transformadores na condição a vazio a um baixo cos $\psi_0$, o qual seria determinado por:

$$\cos \psi_0 = \frac{P_0}{V I_0}$$

## 4. FORMA DE ONDA DA CORRENTE A VAZIO

É de conhecimento geral que os diagramas fasoriais são aplicados a grandezas senoidais, sendo que no diagrama fasorial da Fig. 1.4 se admitiu tal formato para $i_0$. Entretanto, devido às propriedades do circuito magnético, que são não-lineares, a forma da onda da corrente a vazio ($i_0$) não será senoidal.

A forma de onda da corrente a vazio pode ser facilmente verificada com base na Fig. 1.5.

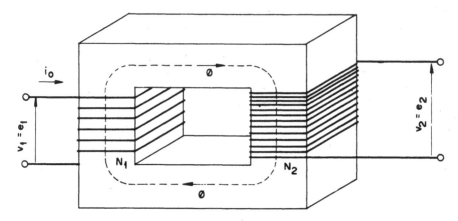

**Figura 1.5** — Circuito magnético do transformador

Como o objetivo é a determinação de formas de ondas, trabalhar-se-á com valores instantâneos, como se indica na figura.

Para funcionamento a vazio, pode-se escrever, com certa aproximação que:

$$v_1 = e_1$$

em que: $v_1$ é a tensão de alimentação e $e_1$, a força contra-eletromotriz (fcem).

Admitindo-se uma forma de onda senoidal para $v_1$, na forma para a fcem $e_1$ também o será. Por outro lado, a relação entre o fluxo e a fcem é dada pela expressão:

$$e_1 = N_1 \frac{d\phi}{dt}$$

cujo valor eficaz é dado por:

$$E_1 = 4,44 \, N_1 \, B \, S \, f \qquad (1.6)$$

Sendo $N_1$ constante, se $e_1$ for senoidal, o fluxo ($\phi$) terá a mesma *forma de onda*, porém com uma defasagem de $\frac{\pi}{2}$ radianos.

Sabe-se também que, em sua forma instantânea, a força eletromotriz (fem) necessária para a produção do fluxo é dada por:

$$\phi R_{mag} = N_1 i_q$$
$$i_q = \frac{\phi R_{mag}}{N_1} \tag{1.7}$$

em que: $\phi$ é o fluxo magnético; $R_{mag}$, a relutância do circuito magnético do núcleo; $N_1$, o número de espiras do enrolamento primário; e $i_q$, a parcela da corrente $i_0$ responsável pela produção do fluxo magnético.

O fluxo magnético é senoidal, o número de espiras é constante, mas a *relutância varia* devido a diferentes estados de saturação que ocorrem no núcleo. Com tais considerações, pode-se concluir que a parcela $i_q$ não é senoidal, acarretando como conseqüência uma forma de onda não-senoidal para $i_0$.

Ao mesmo resultado chegar-se-ia com base na curva de histerese: $\phi = f(i_0)$. Aplica-se a condição anterior de que o fluxo é senoidal e, para cada valor de $\phi$, determina-se o correspondente valor de $i_0$. O processo gráfico é indicado na Fig. 1.6.

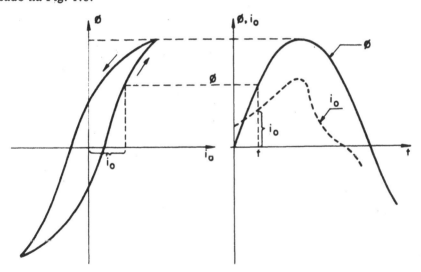

**Figura 1.6** — Processo gráfico para a determinação da forma de onda de $i_0$, a partir de $\emptyset = f(i_0)$ e $\emptyset$

Para a construção da forma de onda de $i_0$, observa-se a seguinte ordem:
1 — Para um certo tempo $t$, determina-se o correspondente valor de $\phi$.
2 — Para este valor de fluxo (crescente ou decrescente), verifica-se na curva de histerese o valor de $i_0$.
3 — Transporta-se para aquele $t$ o valor de $i_0$ e tem-se um ponto da curva de $i_0$.
4 — De modo análogo, obtêm-se diversos pontos e traça-se a curva procurada.

**8**   *Transformadores teoria e ensaios*

Se a forma de onda de $i_0$ for decomposta em série de Fourier, aparecerão as diversas componentes harmônicas, entre as quais destaca-se a terceira, responsável por inúmeros problemas. Posteriormente, dedicar-se-á um capítulo a tal fenômeno.

## 5. CORRENTE TRANSITÓRIA DE MAGNETIZAÇÃO (INRUSH)

Aplicando-se uma tensão senoidal ao enrolamento primário do transformador e estando o secundário aberto, tem-se, pela segunda lei de Kirchhoff, que:

$$v_1 = r_1 i_0 + l_1 \frac{di_0}{dt} + N_1 \frac{d\phi}{dt} \qquad (1.8)$$

em que: $r_1 i_0$ é a queda de tensão na resistência do primário;

$l_1 \dfrac{di_0}{dt}$, a queda de tensão devido ao fluxo de dispersão do enrolamento primário; e

$N_1 \dfrac{d\phi}{dt} = e_1$, a fcem induzida no primário.

Para a solução desta equação diferencial, aparece um problema fundamental que é a relação existente entre o fluxo $\phi$ e a corrente a vazio $i_0$, que nada mais seria que a relação não-linear dada pelo ciclo de histerese.

Devido a essa não-linearidade, torna-se necessária alguma aproximação para a obtenção de $i_0$ a partir da Eq. (1.8). A solução desejada consistirá em duas partes fundamentais: solução complementar e solução particular. A primeira representando um termo transitório e a segunda, o regime permanente de operação. Devido basicamente ao termo transitório, pode-se observar um fenômeno constatado por Fleming em 1892.

O fenômeno observado mostrou que, quando um transformador é conectado à rede, por vezes há o aparecimento de uma grande corrente transitória de magnetização (corrente *inrush*). O efeito da referida corrente é causar momentaneamente uma queda da tensão alimentadora e a provável atuação de relés instantâneos. O valor atingido nesse regime transitório dependeria de dois fatores:

a) Ponto do ciclo da tensão, no qual a chave para o energizamento seria fechada.

b) Condições magnéticas do núcleo, incluindo a intensidade e a polaridade do fluxo residual.

Considerando como primeira aproximação que os dois primeiros termos da expressão (1.8) podem ser desprezados, e admitindo-se que, no instante inicial do processo de energização, a tensão da fonte passa por um valor $V_{1m} \cdot$ sen $\alpha$, em que $\alpha$ é um ângulo qualquer cujo propósito é definir o valor da tensão da fonte no instante $t = 0$, tem-se:

$$v_1 = V_{1m} \operatorname{sen}(\omega t + \alpha) = N_1 \frac{d\phi}{dt} \qquad (1.9)$$

Integrando-se (1.9), vem:

$$\phi = \phi_0 + \phi_m \cdot \cos\alpha - \phi_m \cdot \cos(\omega t + \alpha) \qquad (1.10)$$

em que: $\phi_0$ é o fluxo residual no instante $t = 0$; e $\phi_m = V_{1m}/N_1\omega$.

É interessante observar que o termo ($\phi_0 + \phi_m \cos\alpha$), para os casos reais, apresentará amortecimento. Assim, após encerrado o transitório da energização, o fluxo no núcleo será dado apenas pela parcela $\phi_m \cos(\omega t + \alpha)$.

A relação dada pela expressão (1.10) é mostrada na Fig. 1.7, para a qual se consideram valores particulares para $\phi_0$ e $\alpha$.

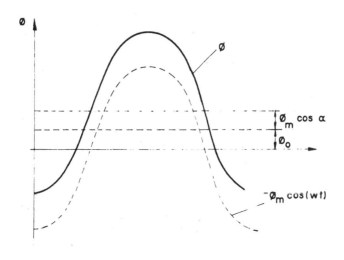

**Figura 1.7** — Fluxo no transformador durante o período transitório

Pode-se constatar que, se $\phi_0 = 0.27\ \phi_m$ e $\alpha = 64°$, o maior valor atingido pelo fluxo é:

$$\phi_{pico} = 1.71 \cdot \phi_m \qquad (1.11)$$

Como o valor de pico (dado pela expressão (1.11)) é relativamente alto e lembrando-se de que o *fluxo deve ser produzido por* $i_0$, tem-se que, pela relação $\phi = f(i_0)$, se necessita de uma grande corrente nos primeiros instantes.

Um oscilograma típico da corrente de magnetização, incluindo o regime transitório, terá o aspecto ilustrado pela Fig. 1.8.

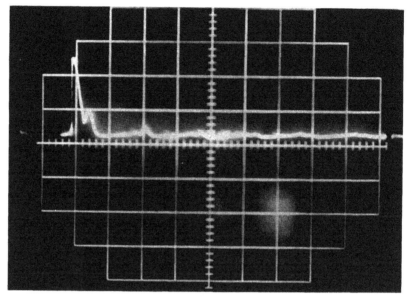

**Figura 1.8** — Oscilograma da corrente de magnetização de um transformador

Conforme a Fig. 1.8, é comum encontrar um valor de pico inicial de corrente várias vezes superior ao da corrente nominal do transformador.

## 6. RELAÇÃO DE TRANSFORMAÇÃO

O ensaio a vazio visa também à determinação da relação de transformação, ou seja, a proporção que existe entre a tensão ou corrente do primário e a tensão ou corrente do secundário, respectivamente.

Como existem duas definições para a citada relação, vamos considerar as figuras a seguir para uma melhor conceituação dessa diferença. É importante observar que, independentemente da forma de onda de $i_0$, todas as tensões e correntes serão tratadas como senoidais, sendo que as componentes harmônicas não serão consideradas nas análises subseqüentes.

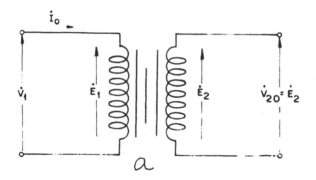

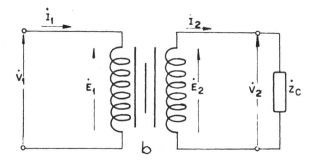

**Figura 1.9** — Condições de funcionamento de um transformadr: a) transformador a vazio; b) transformador em carga

Para o transformador a vazio, tem-se o que se convencionou chamar de *relação de transformação teórica:*

$$K_T = \frac{E_1}{E_2} \qquad (1.12)$$

Em que $E_1$ e $E_2$ são os valores eficazes das fcem e fem induzidas nos enrolamentos primário e secundário, respectivamente. A partir da Fig. 1.9 pode-se construir o circuito equivalente de um transformador a vazio, mostrado na Fig. 1.10.

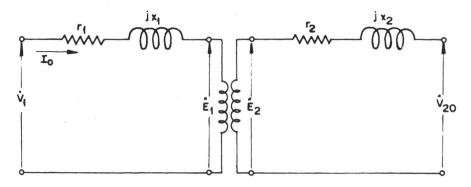

**Figura 1.10** — Circuito equivalente de um transformador a vazio

Na Fig. 1.10 têm-se:

$r_1$ — resistência do enrolamento primário
$x_1$ — reatância de dispersão do enrolamento primário
$E_1$ — fcem induzida no primário
$r_2$ — resistência do enrolamento secundário
$x_2$ — reatância de dispersão do enrolamento secundário
$E_2$ — fem induzida no secundário

**12** *Transformadores teoria e ensaios*

Para o circuito primário, tem-se:

$$\dot{V}_1 = (r_1 + jx_1)\dot{I}_0 + \dot{E}_1$$

no qual se faz: $r_1 + jx_1 = \dot{z}_1$

Considerando que $\dot{z}_1$ é pequena, o produto $\dot{z}_1 \dot{I}_0$ poderá ser desprezado e, nessas circunstâncias:

$$\dot{V}_1 = \dot{E}_1 \tag{1.13}$$

Substituindo (1.13) em (1.12) e observando pela Fig. 1.10 que, estando o transformador a vazio, $E_2 = V_{20}$, tem-se:

$$K_T \cong \frac{V_1}{V_{20}} \tag{1.14}$$

em que: $V_{20}$ é a tensão que pode ser medida nos terminais do secundário. Corresponde, *a vazio,* a fem $E_2$.

Quando o transformador alimenta uma carga, será fornecida uma corrente $\dot{I}_2$, que fará com que a corrente primária seja alterada de $\dot{I}_0$ para $\dot{I}_1$, sendo $\dot{I}_1 \gg \dot{I}_0$. Assim, a tensão $\dot{V}_1$ já não mais seria igual a $\dot{E}_1$ e $\dot{V}_{20}$, que era exatamente igual a $E_2$, varia, pois agora parecem quedas de tensão devido às novas correntes. Desse modo, para o transformador em carga, define-se uma nova relação de transformação denominada *relação de transformação prática* dada por:

$$K = \frac{V_1}{V_2} \tag{1.15}$$

É interessante observar que para a realização do ensaio a vazio deve-se aplicar a tensão nominal devido à *não-linearidade* entre $V_1$ e $E_2$.

Para a relação de correntes, basta lembrar que:

$$\frac{I_1}{I_2} = \frac{1}{K} \tag{1.16}$$

Uma outra representação para a Eq. (1.14) pode ser feita aplicando a expressão (1.6) para os enrolamentos primário e secundário. Assim:

$$K_T = \frac{E_1}{E_2} = \frac{N_1}{N_2} \tag{1.17}$$

Da expressão (1.17) pode-se afirmar: *para transformadores monofásicos, a relação de transformação teórica tem o mesmo valor que a relação entre o número de espiras do primário e secundário.* O mesmo já não ocorre para a relação de transformação prática.

Para a obtenção da relação de transformação, pode-se também utilizar um equipamento especial para este fim, o medidor de relação de transformação (Transformer Turns Ratio - TTR), que é basicamente um comparador de tensões. A Fig. 1.11 ilustra um modelo desses equipamentos.

**Figura 1.11** — Fotografia de um TTR (cortesia da Triel Indústria e Comércio Ltda.

## 7. DETERMINAÇÃO DOS PARÂMETROS: $R_m$, $X_m$ e $Z_m$

Na Fig. 1.10, representa-se o circuito equivalente de um transformador, onde as reatâncias indicadas correspondem àquelas devido ao fluxo de dispersão. Por outro lado, a fcem ($E_1$) e a fem ($E_2$) são induzidas por um fluxo principal. Para a produção desse fluxo principal, considera-se a existência de uma bobina representada pela reatância $X_m$, a qual será parte do denominado ramo magnetizante do circuito equivalente.

Um outro problema que aparece refere-se às perdas no núcleo, pois se nota que no circuito equivalente não existe nenhum elemento que as represente. Para solucionar este inconveniente, introduz-se no *ramo magnetizante uma resistência fictícia* ($R_m$), que, sendo percorrida por uma certa corrente, dissipa uma potência exatamente igual a $P_0$.

Com isso, o ramo magnetizante é formado de uma resistência e uma reatância, sendo, pois, representado de uma maneira geral por uma impedância $Z_m$ — *impedância do ramo magnetizante* —, que pode ser colocada no primário ou no secundário, mas não nos dois enrolamentos simultaneamente.

Finalmente, o circuito equivalente poderá ser representado pela Fig. 1.12.

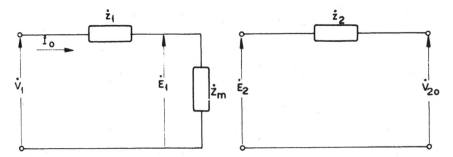

**Figura 1.12** — Circuito equivalente de um transformador, incluindo a impedância do ramo magnetizante

Para a determinação da impedância, basta considerar que na condição de operação a vazio, sendo $\dot{I}_0 \dot{z}_1 \cong 0$, o circuito ficaria resumido ao indicado na Fig. 1.13.

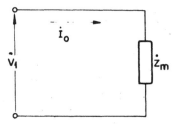

**Figura 1.13** — Circuito equivalente simplificado para o funcionamento a vazio

A partir da Fig. 1.13, tem-se:

$$\dot{Z}_m = \frac{\dot{V}_1}{\dot{I}_0} \tag{1.18}$$

Em relação aos cálculos de $R_m$ e $X_m$, deve-se considerar um dos circuitos equivalentes da Fig. 1.14.

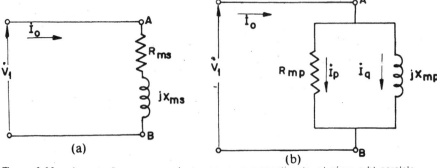

**Figura 1.14** — Associações correspondentes ao ramo magnetizante: a) série; e b) paralelo

Do exposto, constata-se que se pode obter uma mesma impedância $Z_m$ associando uma resistência em série com uma reatância; ou uma reatância em paralelo com outra reatância. Alguns autores usam a representação série e outros utilizam a paralela. Cada representação tem suas vantagens.

Veja-se, pois, como determiná-las, lembrando que do ensaio a vazio tem-se: $P_0$, $V_1$ e $I_0$.

*a) Determinação de $R_{ms}$ e $X_{ms}$*

Pela Fig. 1.14, considerando que $R_{ms}$ é a resistência fictícia na qual se dissiparia a potência perdida no núcleo, pode-se escrever:

$$P_0 = R_{ms} \cdot I_0^2$$

do qual:

$$R_{ms} = \frac{P_0}{I_0^2} \qquad (1.19)$$

Visto ser a conexão série:

$$X_{ms} = \sqrt{Z_m^2 - R_{ms}^2} \qquad (1.20)$$

*b) Determinação de $R_{mp}$ e $X_{mp}$*

Anteriormente, a corrente $\dot{I}_0$ foi decomposta em $\dot{I}_p$ e $\dot{I}_q$, justificando-se a distribuição de correntes indicadas na Fig. 1.14b. Considerando conhecidas tais componentes, têm-se:

$$R_{mp} = \frac{V_1}{I_p} = \frac{P_0}{I_p^2} \qquad (1.21)$$

e

$$X_{mp} = \frac{V_1}{I_q} \qquad (1.22)$$

## 8. ADAPTAÇÃO PARA TRANSFORMADORES TRIFÁSICOS

A teoria vista até agora foi desenvolvida para transformadores monofásicos. Com algumas rápidas considerações, pode-se aplicá-la para transformadores trifásicos, os quais podem ser considerados como um agrupamento de três enrolamentos monofásicos. Por isso diversos itens devem ser adaptados:

*a) Corrente a vazio*

Conforme o circuito magnético do transformador trifásico, as correntes a vazio das três fases poderão apresentar valores iguais para as fases laterais e um valor diferente para a central. Para este caso, adota-se uma única corrente a vazio, dada pela média aritmética dos três valores.

$$I_0 = \frac{I_{01} + I_{02} + I_{03}}{3} \tag{1.23}$$

*b) Relação de transformação*

Para o caso de transformadores monofásicos, a relação de transformação teórica é sempre igual à relação entre os números de espiras. Isto se deve ao fato de as tensões $E_1$ e $E_2$ serem determinadas exatamente entre os terminais dos enrolamentos em que foram induzidas.

Para os transformadores trifásicos, o problema já não é tão simples, exigindo certos cuidados, conforme os tipos de conexão, a saber: estrela, triângulo ou ziguezague. Entretanto, para todos os casos, basta raciocinar do seguinte modo:

A *relação de tranformação teórica* ($K_T$) é definida como a relação das tensões $E_1$ e $E_2$ medidas entrefases.

A *relação do número de espiras* ($K_N$) é definida como a relação entre os números de espiras por fase (enrolamentos situados numa mesma coluna do núcleo).

A título de exemplo, a determinação de $K_T$ e $K_N$ para um transformador estrêla-triângulo é realizada a seguir.

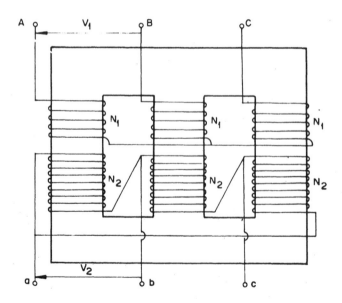

**Figura 1.15** — Transformador Y- Δ

A relação de transformação $K_T$ será dada pela relação entre as tensões de linha:

$$K_T = \frac{E_{AB}}{E_{ab}} = \frac{E_1}{E_2} \cong \frac{V_1}{V_2}$$

Para a determinação de $K_N$, tem-se que esta é definida por fase. Observando a Fig. 1.15:

$$K_N = \frac{E_{AN}}{E_{ab}} = \frac{E_1}{\sqrt{3}\,E_2} = \frac{N_1}{N_2} \cong \frac{V_1}{\sqrt{3}\,V_2}$$

Raciocinando desse modo para diversos transformadores, pode-se elaborar a Tab. 1.2. Na tabela, substituem-se as aproximações indicadas nas expressões de $K_T$ e $K_N$ por igualdades.

Da Tab. 1.2 conclui-se que nem sempre $K_T$ coincide com $K_N$.

*c) Determinação de $Z_m$, $X_m$ e $R_m$*

Para tanto, usar-se-iam as mesmas expressões anteriormente apresentadas, sendo que, para os transformadores trifásicos, os cuidados a serem observados seriam:

- Quando da determinação de $Z_m$, $X_m$ e $R_m$, a mesma é feita por fase.

- Assim, se foi determinada a potência total fornecida ao transformador, deve-se dividi-la por três para que se tenha o valor correspondente a uma fase.

$$P_0 = \frac{P_{0t}}{3}$$

- Nas expressões, têm-se tensões e correntes, portanto, conforme o tipo de conexão, observar as grandezas por fase.

**18**   *Transformadores teoria e ensaios*

**Tabela 1.2**

| $K_T$ | CONEXÃO | | $K_N$ |
|---|---|---|---|
| $\dfrac{V_1}{V_2}$ | $V_1$ | $V_2$ | $\dfrac{N_1}{N_2} = \dfrac{V_1}{V_2}$ |
| $\dfrac{V_1}{V_2}$ | $V_1$ | $V_2$ | $\dfrac{N_1}{N_2} = \dfrac{\sqrt{3}\,V_1}{V_2}$ |
| $\dfrac{V_1}{V_2}$ | $V_1$ | $V_2$ | $\dfrac{N_1}{N_2} = \dfrac{\sqrt{3}}{2}\,\dfrac{V_1}{V_2}$ |
| $\dfrac{V_1}{V_2}$ | $V_1$ | $V_2$ | $\dfrac{N_1}{N_2} = \dfrac{V_1}{V_2}$ |
| $\dfrac{V_1}{V_2}$ | $V_1$ | $V_2$ | $\dfrac{N_1}{N_2} = \dfrac{V_1}{\sqrt{3}\,V_2}$ |
| $\dfrac{V_1}{V_2}$ | $V_1$ | $V_2$ | $\dfrac{N_1}{N_2} = \dfrac{\sqrt{3}\,V_1}{2V_2}$ |

# capítulo 2 — Operação em curto-circuito

## 1. OBJETIVO

A operação em pauta possibilita a determinação de: perdas no cobre $(P_j)$; queda de tensão interna $(\Delta V)$; e impedância, resistência e reatância percentuais $(Z\%, R\% \text{ e } X\%)$.

## 2. PERDAS NO COBRE $(P_j)$

Na determinação das perdas nos enrolamentos, que são por efeito Joule, deve-se notar que elas dependem da carga elétrica alimentada pelo transformador. Isso sugere a necessidade de se estabelecer um certo ponto de funcionamento (ou uma certa corrente fornecida) para a determinação de $r_1 I_1^2 + r_2 I_2^2$, respectivamente, perdas nos enrolamentos primário e secundário. Tal ponto é fixado como o correspondente ao funcionamento nominal do transformador.

Desde que se tenha a circulação de corrente por um dos enrolamentos, pela relação de transformação, a do outro enrolamento também o será; e, nessas circunstâncias, as perdas por efeito Joule são as denominadas nominais.

Para o conhecimento das referidas perdas, podem-se determinar $r_1$ e $r_2$, e conectar em seguida a carga nominal ao transformador para a medição de $I_1$ e $I_2$. Essas correntes poderiam também ser obtidas pelos dados de placa de potência e tensão.

Já que o problema consiste no estabelecimento de correntes nominais nos enrolamentos, o método proposto corresponde à realização do denominado ensaio em curto-circuito. O enrolamento de tensão inferior (TI) é curto-circuitado e a alimentação proveniente de uma fonte de tensão superior (TS). O motivo de se alimentar o enrolamento de TS é que, sendo as correntes iguais às nominais, a referente ao enrolamento de TI normalmente tem um alto valor que, talvez, a fonte não tenha condições de fornecer.

Em relação ao valor da tensão necessária para a realização do ensaio, tem-se que, aplicando-se a nominal, estando o secundário em curto, não seriam as correntes nominais a circular, mas, sim, as altas correntes de curto-circuito. Para entender melhor o que foi dito, basta raciocinar com um circuito constituído de duas impedâncias em série, nas quais uma delas corresponde à impedância interna do transformador (muito pequena) e, a outra, à impedância de carga. A Fig. 2.1 esclarece a consideração feita.

Pelas Figs. 2.1a e b observa-se que, estando o secundário curto-circuitado, a tensão necessária para a circulação das correntes nominais é bem inferior ao correspondente valor nominal. Assim, a tensão necessária para a realização do ensaio apresenta valores, geralmente de até 10% da tensão nominal $(V_n)$ do enrolamento alimentado. Esta tensão necessária para a circulação das correntes nominais corresponderá, *aproximadamente*, à queda de tensão interna no transformador.

Supondo que a *tensão de curto-circuito* $(V_{cc})$ seja a décima parte da nominal, a indução no núcleo será reduzida de 10 vezes. Com isto, as perdas por histerese ficarão reduzidas de 40 vezes e as por correntes parasitas de Foucault

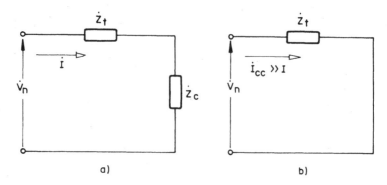

**Figura 2.1** — Efeito da tensão no ensaio em curto: a) em carga; b) em curto

de 100, o que leva à conclusão de que as perdas no núcleo podem ser desprezadas face àquelas no cobre.

Portanto, fazendo circular as correntes nominais no transformador sob ensaio de curto-circuito, praticamente toda a potência fornecida ao transformador estaria sendo perdida por efeito Joule nos dois enrolamentos. É interessante observar que toda a potência absorvida é consumida internamente, uma vez que a saída está em curto.

### 3. QUEDA DE TENSÃO ($\Delta V$)

A Fig. 2.2 apresenta o circuito equivalente de um transformador.

Como pode ser observado na Fig. 2.2, existirá uma queda de tensão no primário, que, por sua vez, influenciará no valor de $\dot{E}_1$. Isso resultará em uma alteração do valor de $\dot{E}_2$, verificando-se assim uma primeira etapa de variação da tensão. Analogamente, o produto $(r_2 + jx_2)\dot{I}_2$ corresponderá a uma queda de tensão no secundário e, assim, a tensão $\dot{V}_2$ relativamente à $\dot{V}_1$ sofrerá dois estágios de variação. Esse método para a determinação de $V_2$ é válido, porém bastante trabalhoso, o que torna mais conveniente o manuseio com os denominados circuitos reduzidos, ou circuitos em sistemas por unidade.

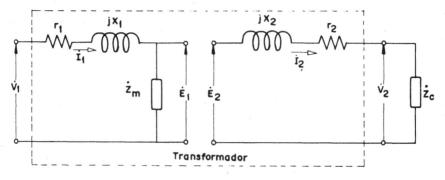

**Figura 2.2** — Circuito equivalente de um tranformador

Referindo o circuito primário ao secundário, tem-se o circuito mostrado na Fig. 2.3, onde se deve notar que as perdas em $r_1$ e $r'_1$ são idênticas, o mesmo acontecendo para a energia magnética armazenada pela bobina $x_1$ e sua equivalente $x'_1$ reduzida ao secundário.

Na Fig. 2.3. têm-se:

$$\dot{V}'_1 = \frac{\dot{V}_1}{K} = \text{tensão primária referida ao secundário}$$

$$r'_1 = r_1 K^{-2} = \text{resistência primária referida ao secundário}$$

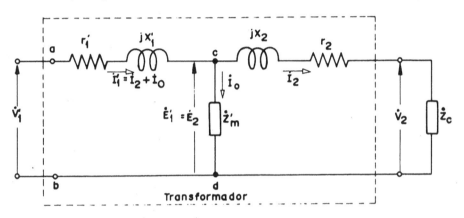

**Figura 2.3** — Circuito equivalente do transformador com as grandezas do primário referidas ao secundário

$$jx'_1 = jx_1 K^{-2} = \text{reatância de dispersão do primário referida ao secundário}$$

$$\dot{I}'_1 = \dot{I}_1 K = \text{corrente do primário referida ao secundário}$$

$$\dot{Z}'_m = \dot{Z}_m K^{-2} = \text{impedância do ramo magnetizante referida ao secundário}$$

$$K = \text{relação de transformação}$$

Com uma pequena aproximação, decorrente do fato de a queda de tensão para a corrente a vazio em $(r'_1 + jx'_1)$ ser pequena, pode-se conectar a impedância $\dot{Z}'_m$ diretamente entre os pontos $a$ e $b$. Esta última alteração é ilustrada na Fig. 2.4.

Na Fig. 2.4:

$$R_2 = r_2 + r'_1 \text{ e } X_2 = x_2 + x'_1$$

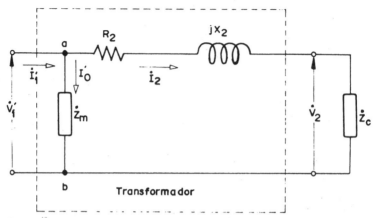

**Figura 2.4** — Circuito equivalente reduzido

É importante observar que, na Fig. 2.3, a tensão nos terminais de $\dot{Z}'_m$ era $E_2$ que diferencia de $V'_1$ pela queda $\dot{Z}'_1 \dot{I}'_1$. Entretanto pela Fig. 2.4 tal já não ocorre, pois a tensão nos terminais de $Z_m$ é $V'_1$. A justificativa disso se faz baseando-se no fato que o importante é a relação entre os valores da tensão de entrada ($\dot{V}'_1$) e tensão de saída ($\dot{V}_2$), sendo que a intermediária não interessa diretamente na determinação da queda de tensão do transformador.

Considerando ainda que $\dot{I}'_0$ é bem menor que $\dot{I}_2$, é comum em aplicações práticas desprezar o ramo magnetizante, e o circuito equivalente do transformador seria reduzido ao da Fig. 2.5.

Na Fig. 2.5, conclui-se que a queda de tensão total no transformador é dada pela expressão:

$$\Delta \dot{V} = \dot{Z}_2 \dot{I}_2 \tag{2.1}$$

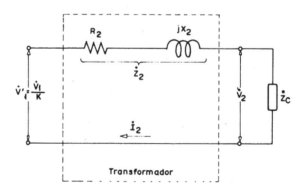

**Figura 2.5** — Circuito equivalente simplificado referido ao secundário

Da expressão (2.1) pode-se afirmar que, ao fechar o secundário em curto-circuito (Fig. 2.6), *a tensão aplicada ao primário e referida ao secundário será a própria queda de tensão procurada*. Naturalmente, sendo a queda de tensão uma função da corrente $I_2$, isso força a especificação do ponto de operação do transformador que, como anteriormente, corresponderá ao nominal.

## 4. IMPEDÂNCIA ($Z\%$), RESISTÊNCIA ($R\%$) E REATÂNCIA ($X\%$) PERCENTUAIS

Com a montagem do ensaio em curto-circuito, os instrumentos empregados permitem a obtenção de: $P_{cc}$, a potência fornecida ao transformador em curto; $V_{cc}$, a tensão de curto-circuito medida no enrolamento de TS; e $I_{1n}$ e $I_{2n}$, as correntes nominais nos dois enrolamentos.

Para o ensaio de curto-circuito são válidos os circuitos equivalentes da Fig. 2.6.

Verifica-se deste modo que o transformador, como elemento de um circuito, se comporta exatamente como uma impedância ($\dot{Z}_2$) constituída pela associação-série de uma resistência ($R_2$) e de uma reatância ($X_2$).

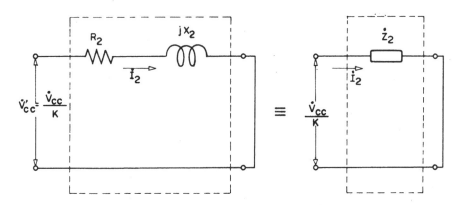

**Figura 2.6** — Circuitos equivalentes para o transformador em curto-circuito

Como a potência ativa medida neste ensaio ($P_{cc}$) corresponde a aproximadamente a potência dissipada em $r_1$ e $r_2$, e, sendo $R_2$ uma resistência que *representa a resistência dos dois enrolamentos*, pode-se escrever:

$$R_2 = \frac{P_{cc}}{I_{2n}^2} \tag{2.2}$$

Pela expressão (2.2) determina-se o valor da resistência total referida ao secundário. Caso interesse a resistência referida ao primário, bastaria substi-

**24** *Transformadores teoria e ensaios*

tuir na expressão $I_{2n}$ por $I_{1n}$. Para evitar a dependência com o lado de referência, procurou-se representar tais resistências por um elemento que independa do lado a que são referidas. Assim sendo, define-se um novo parâmetro:

$$R\% = \frac{R_2\,I_{2n}}{V_{2n}}\,100 = \frac{R_1\,I_{1n}}{V_{1n}}\,100$$

em que:

$R\%$ é a resistência percentual que, embora adimensional, continua possuindo uma conceituação de resistência, com a vantagem de apresentar o mesmo valor, quer quando calculada para o primário, quer quando para o secundário do transformador;

$V_{1n}$ e $V_{2n}$ são as tensões nominais do primário e secundário, respectivamente; e

$I_{1n}$ e $I_{2n}$, as correntes nominais do primário e secundário.

Substituindo a Eq. (2.2) na expressão de $R\%$:

$$R\% = \frac{P_{cc}\,I_{2n}}{V_{2n}\,I_{2n}^2}\,100 = \frac{P_{cc}}{V_{2n}\,I_{2n}}\,100$$

Como o produto $V_{2n}\,I_{2n}$ é igual à potência nominal do transformador, vem:

$$R\% = \frac{P_{cc}}{S_n}\,100 \tag{2.3}$$

Da Fig. 2.6, tem-se que o módulo da impedância equivalente referida ao secundário $(Z_2)$ pode ser calculado como:

$$Z_2 = \frac{V_{1cc}}{K\,I_{2n}} \tag{2.4}$$

que pelo mesmo motivo anterior deve ser, de preferência, expressa em termos de seu valor percentual, que é definido por:

$$Z\% = \frac{Z_2\,I_{2n}}{V_{2n}}\,100 = \frac{Z_1\,I_{1n}}{V_{1n}}\,100$$

Substituindo $Z_2$ pela expressão (2.4):

$$Z\% = \frac{V_{cc}\,I_{2n}}{K I_{2n}\,V_{2n}}\,100 = \frac{V_{cc}}{K V_{2n}}\,100$$

Lembrando que o produto $KV_{2n}$ é igual a $V_{1n}$:

$$Z\% = \frac{V_{cc}}{V_{1n}} \, 100 \qquad\qquad (2.5)$$

Considerando a associação-série:

$$X\% = \sqrt{(Z\%)^2 - (R\%)^2} \qquad\qquad (2.6)$$

Tendo $R\%$, *embora sem unidade,* um significado de resistência, seu valor sofre variações com a temperatura. Como na realização do ensaio não há tempo suficiente para o aquecimento do transformador, justifica-se sua correção para 75 °C no caso de transformadores de classe de temperatura de 105 °C a 130 °C e para a temperatura de 115 °C para a classe de temperatura de 155 °C a 180 °C, aplicando para tanto expressão apropriada. O valor de $X\%$ não sofrerá variação. Como $Z\%$ corresponde à impedância equivalente da associação de $X\%$ com $R\%$, deverá também ser corrigida pela expressão apresentada a seguir.

$$R\%_{\theta_f} = k_\theta \, R\%_{\theta_a} \qquad\qquad (2.7)$$

$$Z\%_{\theta_f} = \sqrt{(R\%_{\theta_f})^2 + (X\%)^2} \qquad\qquad (2.8)$$

em que:

$k_\theta$ é o coeficiente de correção de temperatura dado por

$$k_\theta = \frac{\dfrac{1}{\alpha} + \theta_f}{\dfrac{1}{\alpha} + \theta_a} \, ;$$

$\alpha$ , o coeficiente de variação da resistência com a temperatura;

$\dfrac{1}{\alpha}$ para o cobre é 234,5 e $\dfrac{1}{\alpha}$ para o alumínio é 225,0;

$\theta_a$ , a temperatura ambiente em grau centígrado;

$\theta_f$ , a temperatura final de operação em grau centígrado;

$R\%_{\theta_f}$ , a resistência percentual à temperatura final considerada (75 °C ou 115 °C);

$R\%_{\theta_a}$ , a resistência percentual à temperatura do ensaio; e

$Z\%_{\theta_f}$ , a impedância percentual à temperatura final considerada (75 °C ou 115 °C).

**26**    *Transformadores teoria e ensaios*

## 5. PERDAS ADICIONAIS

No ensaio de curto-circuito, verifica-se que existem outras perdas além das nos enrolamentos, a saber: nas ferragens, nas cabeças de bobinas e outras. Deste modo, ao se referir ao fato de que a leitura no wattímetro não corresponde precisamente à potência perdida nos enrolamentos, estar-se-iam considerando essas outras perdas. Nessas circunstâncias, o valor da potência obtida pela leitura dos instrumentos será:

$$P_{cc} = P_A + P_J$$

em que: $P_{cc}$ é a potência lida no ensaio; $P_A$, são as perdas adicionais; e $P_J$, as perdas nos enrolamentos.

Portanto, para a aplicação da expressão para o cálculo de $R\%$, dever-se-ia entrar com $P_J$ e não com $P_{cc}$. Acontece, entretanto, que, devido à natureza das perdas adicionais, uma expressão para seu cálculo é bastante difícil de se obter, o que leva ao uso de dados empíricos. Para a obtenção de $P_A$ é recomendado utilizar a relação:

$$P_A \cong 15\% \text{ a } 20\% \ P_0 \tag{2.9}$$

Caso não se queira usar a expressão (2.9), deve-se determinar $P_J$ pela medição das resistências do primário e secundário com uma ponte de Weathstone de alta precisão. O valor de $P_J$ seria obtido por $r_1 I_{1n}^2 + r_2 I_{2n}^2$.

## 6. ADAPTAÇÃO PARA TRANSFORMADORES TRIFÁSICOS

Como no capítulo anterior, procurou-se desenvolver a teoria utilizando-se de transformadores monofásicos, e, em seguida, estendê-la aos trifásicos.

Tal como no caso do ensaio a vazio, para os transformadores monofásicos, deve-se considerar se os enrolamentos estão conectados em estrela ou em triângulo. Conforme é usual nos cálculos em sistemas de potência, é comum a análise de circuitos trifásicos por uma única fase, considerando as outras duas como simétricas. Naturalmente, tal representação só poderia ser conseguida pela conexão estrela sendo que, no caso da conexão triângulo, trabalhar-se-ia com sua estrela equivalente. Não entrando em maiores detalhes a respeito do problema, pode-se provar que os parâmetros $Z$, $R$ e $X$ em ohms sofreriam influência pelo modo,como as três fases fossem conectadas. Entretanto seus correspondentes valores percentuais independem se o transformador é estrela ou triângulo, o que consiste em *mais uma vantagem dos valores percentuais*.

Nos desenvolvimentos que se seguirão procurar-se-á obter expressões para os cálculos dos parâmetros percentuais empregando-se as leituras extraídas do ensaio trifásico. Para maior clareza, utilizar-se-á o índice $f$ junto às corrente˜ e tensões na fase, e as grandezas na linha sem índice.

Mostrou-se anteriormente que:

$$R\% = \frac{R_2 \, I_{2nf}}{V_{2nf}} \, 100 \qquad \text{sendo} \qquad R_2 = \frac{P_{cc}}{I_{2nf}^2} \, 100$$

Considerando agora o transformador trifásico e que $P_{cc}$ se refira à potência correspondente a uma fase, tem-se que:

$$P_{cc} = \frac{P_{cct}}{3}$$

em que: $P_{cct}$ é a potência de curto-circuito total.

Supondo um transformador estrela, e analisando o problema de valores na fase e na linha, vem:

$$I_{2nf} = I_{2n}$$

$$V_{2nf} = \frac{V_{2n}}{\sqrt{3}}$$

Substituindo essas expressões em $R\%$, vem:

$$R\% = \frac{P_{cct} \, I_{2n} \, 100}{\sqrt{3} \, I_{2n}^2 \, \dfrac{V_{2n}}{\sqrt{3}}} = \frac{P_{cct}}{\sqrt{3} \, V_{2n} \, I_{2n}} \, 100$$

Como $\sqrt{3} \, V_{2n} \, I_{2n}$ é igual à potência aparente trifásica nominal ($S_n$), tem-se:

$$R\% = \frac{P_{cct}}{S_n} \, 100 \qquad\qquad\qquad (2.10)$$

Analogamente, pode-se demonstrar que:

$$Z\% = \frac{V_{cc}}{V_{1n}} \, 100 \qquad\qquad\qquad (2.11)$$

em que: $V_{cc}$ é a tensão de curto-circuito entre fases; e $V_{1n}$, a tensão nominal do enrolamento alimentado, entre fases.

As correções de temperatura seguem o estabelecido para o caso do transformador monofásico.

# capítulo 3 — Rigidez dielétrica de óleos isolantes

## 1. OBJETIVO

Todos os transformadores de potência acima de 20 kVA e tensão acima de 6 kV são construídos de maneira a trabalhar imersos em óleos isolantes. O óleo é usado com o objetivo de atender a duas finalidades: garantir um perfeito isolamento entre os componentes do transformador; e dissipar para o exterior o calor proveniente do efeito Joule nos enrolamentos, assim como do núcleo.

Para que o óleo possa cumprir satisfatoriamente às duas condições acima, ele deve ser testado e apresentar boas condições de trabalho.

Este capítulo visa discutir os critérios para testar a rigidez dielétrica do óleo de modo a conhecer suas características isolantes, que definirão ou não sua imediata aplicação em transformadores.

## 2. GENERALIDADES

São encontrados óleos de quatro tipos: animal, vegetal, mineral e sintético.

Os animais e vegetais não servem para uso em transformadores, pois mudam facilmente suas composições químicas e alteram suas propriedades físicas.

Os sintéticos também não são usados devido a sua tendência em se polimerizar, alterando suas propriedades físicas.

Assim, os óleos usados em transformadores correspondem aos minerais, que são obtidos da refinação do petróleo. Esses óleos podem ser conseguidos com uma grande gama de variação em suas propriedades físicas.

Torna-se, então, necessário fazer uma série de testes para se escolher os tipos convenientes para uso em transformadores.

O óleo deve ser testado quanto aos seguintes aspectos:

### a) Comportamento químico

O óleo deve ser analisado em condições as mais parecidas possíveis com as de trabalho. Justifica-se esse ensaio pelo fato de o comportamento químico do óleo ser alterado por condições externas, tais como, aquecimento, oxidação, envelhecimento etc., fatores que afetam diretamente suas propriedades isolantes.

### b) Ponto de inflamação e ponto de combustão

Aquecendo-se o óleo até uma determinada temperatura, ele se inflama em presença de uma chama. Este é o ponto de inflamação. Se a temperatura for elevada até outro valor determinado, o óleo se inflamará espontaneamente em contato com o ar. Este é o ponto de combustão. O conhecimento dessas temperaturas é importante pois o óleo pode ficar submetido, em operação, a faíscas elétricas ou a aquecimento exagerado.

## c) Viscosidade

É um teste importante, pois da viscosidade depende a capacidade de circulação do óleo, dentro do transformador, para seu resfriamento. O óleo deve ter um valor de viscosidade tal que possa circular livremente pelas aletas de refrigeração.

## d) Perdas por evaporação

Visa a determinar o quanto de óleo escapará do transformador em forma de gás, devido a seu aquecimento. A quantidade perdida deve ser nula ou a menor possível.

## e) Rigidez dielétrica

É o ensaio mais importante a se realizar e será analisado detalhadamente nos desenvolvimentos que se seguirão.

Existem outros ensaios aplicados aos óleos isolantes, porém, por fugirem ao escopo deste livro, não serão aqui analisados.

De modo a visualizar a grande importância do teste em questão, é apresentada ao final do capítulo, sob a forma de apêndice, uma tabela que descreve um programa geral de manutenção preventiva de transformadores.

Para os diversos tipos de transformadores é interessante notar a constância do ensaio do óleo.

Todos os ensaios anteriores devem ser feitos periodicamente nos transformadores em uso, mas facilmente pode-se notar que a importância e a necessidade do teste da rigidez dielétrica são bem grandes.

Os testes referidos anteriormente à tabela são geralmente feitos pelos fabricantes do óleo na escolha dos tipos a serem recomendados. Mas, o operário especializado, ao retirar amostra do óleo para testes de rotina, já verifica, pelo simples manuseio, seu estado de envelhecimento, de viscosidade, de impureza, etc.

Vale dizer que, sob efeito de oxidação, retenção de umidade, elevadas temperaturas etc., o óleo vai perdendo suas qualidades isolantes. Geralmente, formam-se produtos lamacentos escuros, conhecidos por *lama*, que alteram as propriedades do óleo. Neste estado, o óleo já está deteriorado e deve ser recuperado ou substituído.

A retenção da umidade é evitada usando-se sílica-gel nos respiradouros, — válvulas destinadas a avaliar a pressão interna devido ao aquecimento do óleo. A sílica-gel é uma substância higroscópica, que retira a umidade do ar. Quando em seu estado normal, apresenta uma coloração azul claro; no entanto, quando se satura, sua coloração sofre mudança, passando então a rosa.

Para restaurar a sílica-gel às condições normais, deve-se aquecê-la a fim de se evaporar toda a água que a substância tenha absorvido.

Se o óleo retiver umidade, ele perderá, facilmente, suas características isolantes; por exemplo, se o óleo contiver água na proporção de 1:10 000 (uma parte de água para 10 000 partes de óleo), ele se tornará imprestável como isolante. A rigidez dielétrica também diminui, consideravelmente, se o óleo contiver impurezas.

Havendo necessidade, o óleo deverá ser filtrado e recuperado, tornando-se novamente bom para uso.

## 3. OS PROCESSOS DE FILTRAGEM

Ao processar a filtragem do óleo diversos cuidados devem ser tomados, periodicamente, para que se prolongue a vida útil dos transformadores e para diminuir as possibilidades de interrupção de operação.

O equipamento para filtragem de óleos isolantes consta de filtros completos, estufas de secagem e medidor de rigidez dielétrica. O processo de filtragem pode ser feito por filtros-prensa ou a vácuo. As estufas de secagem, normalmente elétricas, são encontradas em diversas linhas de fabricação.

### 3.1. O filtro-prensa

O filtro-prensa é constituído de uma série alternada de quadros e placas, de tal forma que se encaixam rigidamente por meio de um parafuso de aperto e de tirantes de suporte. A Fig. 3.1 dá uma idéia física de um desses dispositivos.

### 3.2. Operação de filtragem

A maneira mais eficiente é bombear o óleo do registro inferior do transformador para o filtro-prensa e para o registro superior do mesmo, fazendo assim um circuito fechado. O óleo é bombeado para o canal de admissão e daí penetra no espaço interno dos quadros, sendo então forçado a passar pelo papel filtro, fluindo por suas ranhuras, até atingir o canal de saída, já purificado. Na Fig. 3.1 pode ser visto o circuito de alimentação e os detalhes de um filtro-prensa.

A aeração do óleo deve ser evitada pois o envelhecimento do óleo é acelerado em presença do oxigênio livre.

Não devem ser usadas mangueiras de borracha comum. Normalmente, são fornecidas mangueiras de neoprene ou, caso se requeira, metálicas.

Deve-se ao filtrar um óleo muito úmido, cuidar para que a rigidez não caia. Quando o valor da rigidez atingir 25 kV *, todo papel deve ser trocado e levado à estufa para secagem. Como referência, indica-se a seguir o tempo que o papel pode ser usado eficientemente, baseado na rigidez dielétrica de um óleo limpo.

**Tabela 3.1 —** Tempos estimados para a utilização contínua do papel-filtro

| Rigidez dielétrica inicial (kV) | Tempo estimado (h) |
|:---:|:---:|
| 10 | 1/2 |
| 15 | 2 |
| 20 | 6 |

A temperatura mais adequada para a operação de filtragem está entre 20 °C e 40 °C. Abaixo dessa faixa, a viscosidade do óleo aumenta rapidamente e, acima de 40 °C, a umidade é difícil de ser retirada do óleo.

O óleo que tiver sido danificado por superaquecimento originário de sobrecarga contínua ou curto-circuito poderá ser tratado pelo filtro-prensa. O sedimento será removido e a rigidez dielétrica levada a mais de 25 kV, embora a cor e a acidez do óleo permaneçam inalteradas.

---

* Ver unidade de rigidez dielétrica no item 5

Rigidez Dielétrica de Óleos Isolantes

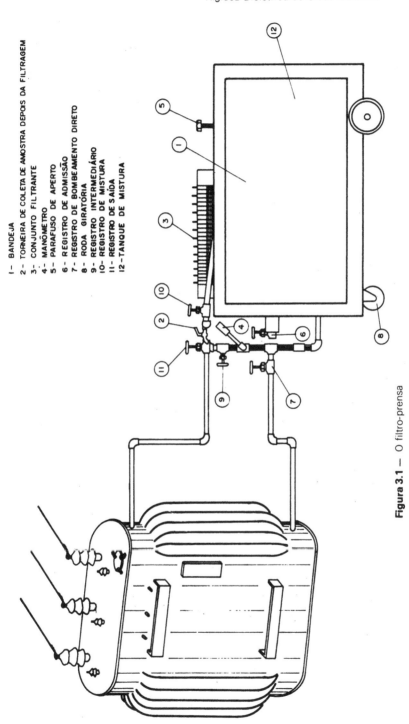

1- BANDEJA
2- TORNEIRA DE COLETA DE AMOSTRA DEPOIS DA FILTRAGEM
3- CONJUNTO FILTRANTE
4- MANÔMETRO
5- PARAFUSO DE APERTO
6- REGISTRO DE ADMISSÃO
7- REGISTRO DE BOMBEAMENTO DIRETO
8- RODA GIRATÓRIA
9- REGISTRO INTERMEDIÁRIO
10- REGISTRO DE MISTURA
11- REGISTRO DE SAÍDA
12- TANQUE DE MISTURA

**Figura 3.1** — O filtro-prensa

**32**   *Transformadores teoria e ensaios*

### 3.3. Troca do papel do filtro

Quando a pressão do manômetro indicar pressões de filtragem com valores superiores aos recomendados pelo fabricante, isso indica que o papel necessita ser substituído. A troca do papel deve ser realizada também se duas amostras de um mesmo óleo, antes e depois da filtragem, indicarem valores baixos e iguais para a rigidez dielétrica.

A filtragem deve parar quando os ensaios de rigidez indicarem valores superiores a 30 kV.

É interessante observar que o filtro-prensa pode estar dotado de um pré-filtro ou centrifugador, que evitam entrada de partículas maiores que possam danificar a bomba.

Outra atenção a ser dada a esse processo é que, após executá-lo, deve-se esperar o acomodamento do óleo; sendo recomendado, portanto, esperar um mínimo de 24 horas para novamente se colocar em uso o transformador do qual o óleo foi filtrado.

Geralmente, a vida do óleo é de cerca de dez anos, sob condições normais de trabalho e com manutenção periódica.

Além do óleo comentado, pode-se encontrar produtos sintéticos em substituição aos óleos minerais. São os chamados *ascaréis*. O Ascarel apresenta inúmeras vantagens quanto a suas propriedades sobre os óleos minerais, sendo as mais importantes: não ser inflamável e ser mais estável que o óleo. Apresenta, porém, a desvantagem de ser um produto tóxico.


### 4. ESTUFAS DE SECAGEM

Existem diversos tipos de estufas de secagem, para cada tamanho de papel-filtro padronizado. Esses filtros são equipados com hastes para suporte das folhas de papel e termostato, que deve estar regulado para a temperatura de 100 °C.

Existem diversos compartimentos de secagem independentes, com sistema de chaminé, que prevê uma distribuição uniforme de calor, permitindo igualmente a substituição de ar úmido por ar seco. Existe também um duto de óleo para que papéis usados não venham a oferecer perigo de incêndio nas resistências de aquecimento.

As folhas devem estar espaçadas de 2 mm no interior da estufa para assegurar melhor secagem.

O papel-filtro deve ser aquecido de 6 a 12 horas.

Após a secagem, o papel deve ser colocado imediatamente no filtro-prensa e usado, pois, por suas características higroscópicas, reabsorve cerca de 2/3 da umidade total, o que pode fazer em 10 min.


### 5. ENSAIO DE RIGIDEZ DIELÉTRICA

Conhecendo-se a diferença de potencial entre duas placas e também a distância entre as mesmas (que deve se pequena), o campo elétrico pode ser suposto uniforme e dado por:

$$E_c = \frac{V_c}{d_c} \qquad (3.1)$$

em que: $E_c$ é o campo elétrico; $V_c$, a diferença de potencial aplicada entre as placas; e $d_c$, a distâcia entre as placas.

Conservando-se a distância $d_c$ constante e aumentando-se o valor de $V_c$, o campo cresce. Para um determinado valor de tensão, se o campo elétrico ($E_c$) for suficiente grande para romper o dielétrico entre as placas, então uma descarga no dielétrico se manifestará. Este valor do campo elétrico é denominado *rigidez dielétrica*.

O valor de $V_c$, que proporciona rompimento do dielétrico, é chamado de *tensão de ruptura*. O valor do campo necessário para a ruptura é tabelado de acordo com o dielétrico entre as placas, com uma máxima tensão por unidade de comprimento que se pode aplicar ao isolante. Naturalmente, esse valor nunca deve ser atingido na prática, trabalhando-se sempre, para segurança, numa faixa bem menor.

A título de ilustração, a Fig. 3.3 indica um analisador de rigidez dielétrica. Efetuando-se o teste, usando óleo entre as placas, pode-se determinar o quanto de diferença de potencial o mesmo suporta por unidade de comprimento. O resultado obtido é comparado com os valores tabelados pelas normas e determina-se, então, se o óleo servirá ou não para uso nos transformadores.

Os valores tabelados a seguir são válidos para temperaturas do óleo situadas entre 25 °C e 35 °C. A tabela foi também elaborada para óleos minerais.

Os valores constantes na Tab. 3.2 são referidos a uma distância de 2,54 mm ou 0,1 pol entre os eletrodos. Assim, um valor de 30 kV deve, na verdade, ser interpretado como 30 kV/0,1 pol. Em termos práticos, entretanto, como a distância é padronizada, utiliza-se mais comumente apenas o valor da tensão, ou seja, 30 kV para o caso considerado.

Para os ascaréis, pode-se empregar a mesma Tab. 3.2, desde que se adicionem 5 kV aos valores das tensões.

**Tabela 3.2** — Valores da rigidez dielétrica e estado do óleo isolante

| Acima de 35 kV | Excelente |
|----------------|-----------|
| De 30 a 35 kV | Muito Bom |
| De 25 a 30 kV | Bom |
| De 20 a 25 kV | Satisfatório |
| De 15 a 20 kV | Duvidoso (recomenda-se filtração) |
| Abaixo de 15 kV | Rejeitável (indispensável urgente filtração) |

**34** *Transformadores teoria e ensaios*

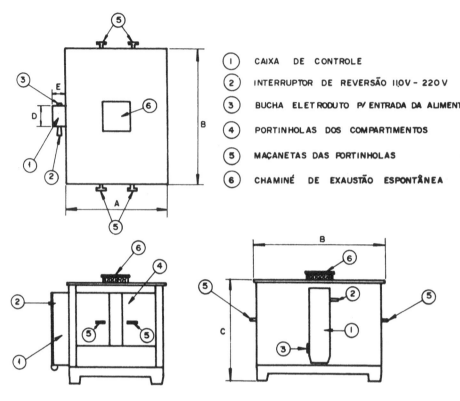

1. CAIXA DE CONTROLE
2. INTERRUPTOR DE REVERSÃO 110V - 220V
3. BUCHA ELETRODUTO P/ ENTRADA DA ALIMENTAÇÃO
4. PORTINHOLAS DOS COMPARTIMENTOS
5. MAÇANETAS DAS PORTINHOLAS
6. CHAMINÉ DE EXAUSTÃO ESPONTÂNEA

**Figura 3.2**   Estufa de secagem

**Figura 3.3** — Analisador de rigidez dielétrica (cortesia Triel Indústria e Comércio)

## 6. CONTROLE DE ACIDEZ

Para os óleos isolantes, introduz-se uma nova grandeza com o objetivo de expressar a sua acidez. Esta será a cifra de neutralização, cujo valor variará de zero a 1. Considera-se um índice normal de acidez o que se apresenta com um valor igual a 0,4.

Quando o óleo de transformador usado tem alta cifra de neutralização (acima de 0,40), não é suficiente recondicioná-lo, seja com filtro-prensa de mata-borrão ou unidade de desidratação a vácuo. O tratamento requerido para reduzir a acidez, para remover a lama e aumentar a rigidez requer uso de equipamento especial. Se o custo da instalação e operação for alto o suficiente para tornar o processo antieconômico, será melhor rejeitar o óleo usado, limpar o transformador e substituir por óleo novo.

A cifra de neutralização pode ser reduzida por filtros que empreguem a *terra fúler,* argila ativada ou alumina ativada. Esses meios de filtragem são muito mais ativos quando o óleo é tratado a quente. O óleo é circulado através de leito filtrante até que a cifra de neutralização atinja o ponto desejado, ou que haja exaustão da argila. Tal tratamento remove óxidos que possam ter estado no óleo. Isolantes usados, que foram tratados com *terra fúler,* não têm tão alta resistência à oxidação quanto o óleo novo. A Tab. 3.3 fornece alguns elementos relacionados ao controle de acidez.

**Tabela 3.3** — Controle de acidez

| CÓDIGO | CIFRA DE NEUTRALIZAÇÃO | INTER-PRETAÇÃO | OBSERVAÇÃO |
|--------|------------------------|----------------|------------|
| 4 | Até 0,05 | Novo | Óleo sem uso, novo |
| 5 | De 0,05 a 0,25 | Bom | Óleo usado. Tratamento desnecessário |
| 6 | De 0,25 a 0,40 | Duvidoso | Improvável formação de lama. Tratar ou trocar. Desnecessário lavar núcleo com jato de óleo |
| 7 | De 0,40 a 0,70 | Precário | Início de formação de lama. Tratar ou trocar. Lavar todos os componentes com jato de óleo |
| 8 | Acima de 0,70 | Perigoso | Formação franca de lama. Trocar. Indispensável lavagem de todos os componentes com jato de óleo. Verificar isolamento sólido do trafo — possíveis danos |

**36** *Transformadores teoria e ensaios*

Anexo geral do cap. 3 — **PROGRAMA GERAL DE MANUTENÇÃO**

| A INSPECIONAR | O QUE FAZER | FREQÜÊNCIA DA INSPEÇÃO |
|---|---|---|
| Temperatura ambiente e dos enrolamentos | Deve ser feita a verificação, tomando-se como base o valor do aumento máximo de temperatura ambiente que o transformador deve suportar continuamente, sem sacrifício de suas qualidades. Este valor vem especificado nas placas de identificação. Anotar os valores observados. | A cada turma |
| Corrente | • A leitura periódica, acompanhada de anotações, constitui prática recomendável para o serviço de manutenção. Quando não houver instrumentos indicadores instalados nos painéis de comando das subestações, as correntes serão facilmente lidas com um amperímetro portátil do tipo alicate.<br>• Observar a distribuição de correntes entre transformadores que se acham ligados em paralelo. Notando-se discrepâncias anormais nesta distribuição, procurar o defeito que as está causando. | A cada turma |
| Tensão | A tensão deve ser medida de modo a verificar se o transformador está na posição apropriada de *tap*. Sobretensões produzem acréscimos nas perdas a vazio. | A cada turma |
| Relés | Verificar se os relés estão funcionando corretamente, de modo a assegurar a proteção desejada. | Trimestral |
| Conexões de terra | • Todos os pontos de conexão devem ser mantidos limpos de ferrugem ou oxidação, de modo a ter sempre uma baixa resistência de contato.<br>• Uma baixa resistência de terra é importante, quer para a operação satisfatória dos pára-raios, quer também dos relés de proteção. | Semestral |
| Equipamento de proteção contra sobretensões | Os dispositivos de proteção contra sobretensões são utilizados para limitar tensões de impulso a um valor igual ou inferior ao do nível de tensão de isolamento de projeto do transformador. A manutenção efetiva deste elemento é essencial. | Semestral |
| Resistência de isolamento | • No teste de verificação de isolação, deve-se certificar de que o instrumento a ser utilizado é de tensão adequada e deverá ser verificado o isolamento do primário para massa; do secundário para massa; e do primário para secundário.<br>• A verificação do isolamento de um transformador e o acompanhamento periódico de uma possível variação em suas características de isolação constituem-se em um fator importante para a vida do equipamento e para a segurança da instalação. | Semi-anual |
| Conexões nos terminais | As conexões dos condutores nos bornes dos transformadores têm tendência a se afrouxar devido ao aquecimento e ao resfriamento sucessivos que ocorrem nos mesmos. Por isso é recomendável que tais conexões sejam examinadas de tempos em tempos. E, quando uma for encontrada frouxa, antes de apertá-la devem-se lixar suas superfícies de contato. | Mensal |

| | | |
|---|---|---|
| Isoladores | Normalmente, as quebras ou rachaduras nos isoladores podem ser reparadas numa emergência (devido à falta temporária do isolador sobressalente). Deve-se limar o esmalte das arestas quebradas ou rachadas e dar uma pintura de verniz altamente isolante na porcelana. Não se deve esquecer de que a manutenção aconselhável no caso é a substituição da peça avariada. | Mensal |
| Pintura | A pintura que pertence à manutenção preventiva é só aquela feita em áreas reduzidas por motivo de lascas, borbulhas ou arranhões que apareçam na superfície do tanque e seus apêndices (radiadores, conservador etc.). Esta pintura consiste em aplicar à pincel uma demão de ''base'', seguida de duas demãos à pistola de acabamento, lembrando-se de que as superfícies de trabalho devem ser previamente raspadas e aparelhadas. | A cada 2 anos |
| Auxiliares | São os controles, os relés, os indicadores, os ventiladores e outros dispositivos que completam a equipagem funcional do transformador. Precisam estar funcionando perfeitamente e, portanto, requerem uma atenção permanente do pessoal de manutenção. Em geral, essa manutenção consiste em verificar a operação normal deles e, esporadicamente, substituir uma peça defeituosa ou gasta. | A cada turma |
| Peças de reserva | Devem-se verificar a existência e a ordem nas peças de reserva do transformador e manter também a quantidade e o acondicionamento adequados. | A cada turma |
| Nível do óleo | • É muito raro ser encontrado acima ou abaixo da marca Normal, respeitando a correção da temperatura em que se encontra o óleo.<br>• Muitas vezes, trata-se apenas do mau funcionamento da bóia do nível, bastando, neste caso, repará-la.<br>• Se por algum motivo estranho (vazamento ou desperdício) o nível do óleo está baixo, deve-se logo completá-lo usando sempre ''óleo para transformador'' (ou Ascarel, se for o caso) de fabricante conhecido. | A cada turma |
| Temperatura do óleo | Como o transformador é um equipamento essencialmente estático, o melhor indicador de sua situação atual de funcionamento é sua temperatura. A medida é feita diretamente por um termômetro, que geralmente já vem instalado. O serviço de manutenção deve estar atento para o ponteiro vermelho do termômetro, indicativo da máxima temperatura atingida pelo equipamento. | A cada turma |
| Rigidez dielétrica | Se o resultado do teste de rigidez dielétrica for insuficiente, o óleo deverá ser filtrado. Ao testar o Ascarel, tomar cuidados especiais pois este isolante é tóxico. | A cada 3 meses |

**38** *Transformadores teoria e ensaios*

| | | |
|---|---|---|
| Respiradouros | Na ausência de desumidificador, basta uma limpeza com jato de ar através de seus orifícios. Com a inclusão de desumidificador, deve-se verificar o estado do cloreto de cálcio ou da sílica-gel, de forma a manter o desumidificador em estado desidratante ativo. A sílica-gel tem seus cristais com coloração azulada quando secos e ficam rosados quando saturados de umidade. Verificar a existência de rachaduras ou quebrados nos respiradouros. | Trimestral |
| Testes de pressão | Testar de modo a evidenciar vazamentos acima do nível do óleo. Este teste deve ser feito para transformadores selados. | Anual |
| Inspeção acima do núcleo | Retirar uma quantidade suficiente de óleo da parte superior do núcleo para testes de condições gerais. Estes testes são aplicados aos transformadores selados a gás ou óleo. O óleo retirado deverá ser testado para a detecção de umidade etc. | A cada 2 anos |
| Inspeção geral | Inspecionar as condições gerais, tais como a existência de umidade, impurezas e deslocamentos de componentes causados por operação anormal. Inspeções mais freqüentes necessitam ser feitas só na ocorrência de acidentes ou nos casos de condições adversas. | A cada 5 anos |
| Pressão do gás | Deve-se efetuar a leitura do barômetro e anotá-la. Isso permitirá constatar que não existem vazamentos no sistema. Verificar também se o regulador de gás está corretamente ajustado, evitando dessa forma altas pressões em baixas temperaturas. | A cada turma |
| Máximo conteúdo de oxigênio | Verificar o conteúdo de oxigênio no nitrogênio (usado como gás). Esta verificação é importante pois controlará a formação de uma mistura não-explosiva. | Semestral |
| Válvula de pressão de alumínio | Efetuar teste para análise de sua operação apropriada. | Trimestral |
| Circuito de alarma a baixa pressão | O barômetro a mercúrio pode incluir um alarma elétrico (um dispositivo separado de alarma é normalmente encontrado). Esses dispositivos indicam se a pressão se encontra abaixo de um valor mínimo admissível. | Trimestral |
| Diafragma de alívio de pressão | Diafragmas com rachaduras ou quebrados devem ser repostos imediatamente. Este teste é restrito aos transformadores selados. | A cada turma |
| Regulador de gás | Verificar as condições de operação do regulador de pressão do gás. | Trimestral |
| Inspeção sob a tampa | Inspecionar a existência de umidade abaixo da tampa principal, suporte dos isoladores etc. Verificar o fundo do óleo, procurando por acúmulo de água. Esses trabalhos são de grande importância, principalmente para os transformadores abertos. | Semestral |
| Ventiladores | Verificar a operação dos ventiladores sobre as unidades resfriadas a ar. | A cada turma |
| Alarma de temperatura | Testar a operação do alarma movendo (manualmente) o ponteiro do termômetro de modo que este ultrapasse a temperatura de alarma. | Trimestral |

| | | |
|---|---|---|
| Núcleo e enrolamento | Verificar a existência de acúmulo de poeira nas superfícies dos enrolamentos e cabos de conexão internos. A freqüência desse item é função do efeito de limpeza do jato de ar. Procurar por sinais de corrosão. Este trabalho deve ser realizado em transformadores secos. | Trimestral |
| Lubrificação dos ventiladores | Lubrificar com graxa ou óleo recomendado pelo fabricante. | Anual |
| Temperatura da água de entrada e de saída | Registrar as temperaturas para futura verificação da eficiência do sistema de resfriamento. É evidente que este item será aplicado apenas para os transformadores resfriados a água. | Semanal |
| Pressão da água e sua vazão | Na operação inicial do bando de transformadores, registra-se a pressão de água e sua vazão $(cm^2/min.)$. Nas verificações que se seguirem, comparar essas leituras com os novos valores lidos. Para transformadores resfriados a água. | Semestral |
| Serpentinas | Verificar possíveis vazamentos. O intervalo de inspeção depende de vários fatores, tais como: idade, corrosão, experiência operativa. Para transformadores resfriados a água. | Variável |
| Bombas e nível de óleo | Observar o nível do óleo para constatar se não existe perda do mesmo. Entrada de ar no sistema de resfriamento forçado a óleo reduzirá a eficiência da selagem. A entrada de ar tenderá a aumentar o nível de óleo e a ocasionar flutuações no indicador de pressão. | A cada turma |
| Temperatura do óleo de entrada e saída | Constitui um item a ser considerado unicamente para os transformadores com resfriamento forçado a óleo. Registrar as temperaturas do óleo de entrada e saída, de modo a verificar se o sistema de resfriamento está operando satisfatoriamente. | Semanal |
| Filtro de óleo | Para os transformadores com resfriamento forçado a óleo é comum   a instalação de filtros de óleo. Nesses filtros existem, normalmente, instalados medidores em seus terminais para a determinação da queda de pressão entre a entrada e a saída do filtro. Um aumento dessa diferença de pressão indicará obstruções no filtro. | Semanal |

# capítulo 4 — Verificação das condições térmicas de operação

## 1. OBJETIVO

O transformador é um dispositivo estático, que trabalha em temperaturas superiores à do ambiente devido à energia dissipada, sob a forma de calor, nos enrolamentos e no núcleo.

Naturalmente, a temperatura do transformador deve estar numa gama de valores para garantir um perfeito funcionamento dos componentes visto que, devido ao aquecimento, têm-se problemas, tais como: isolamento, refrigeração etc.

O ensaio de aquecimento visa, pois, a determinar se o transformador, ao funcionar, não ficará sujeito a temperaturas elevadas que prejudicariam seu funcionamento ou pudessem danificá-lo.

## 2. MÉTODOS DE ENSAIO

O ensaio de aquecimento poderia ser realizado colocando-se o transformador em operação nominal, determinando-se, em seguida, as temperaturas em pontos fixados, que serão analisados posteriormente. Isso seria válido para pequenos transformadores, para os quais a simulação da carga seria relativamente fácil de se obter; entretanto, para médias e grandes potências, o problema tornar-se-ia maior e mesmo inexeqüível.

A ABNT, por meio da norma NBR-5380, recomenda quatro processos para se determinar a elevação da temperatura:

*a) Método da carga efetiva*

É o método que fornece maior precisão. Entretanto, segundo o exposto, é praticamente impossível para transformadores de média e grande potência.

*b) Método da oposição*

Este método, empregando dois transformadores iguais, consiste em se ligar uma fonte a um dos enrolamentos, para suprir as perdas a vazio, e outra fonte ao outro enrolamento com tensão tal que produza as correntes nominais para suprir as perdas nos enrolamentos.

Tal processo não é muito aplicado por requerer transformadores auxiliares para a aplicação das tensões, e também mais de um transformador e ligações especiais entre eles para sua realização.

Visto que não será utilizado, não serão discutidos os detalhes deste ensaio. (Para maiores informações, consultar a ABNT, norma (NBR-5380).

*c) Método do circuito aberto*

Um dos enrolamentos fica em circuito aberto e ao outro é aplicado uma tensão acima da normal de modo que as perdas no ferro sejam iguais às perdas totais do transformador a plena carga, isto é, sejam iguais à soma das perdas no ferro mais as perdas no cobre. O mesmo efeito pode ser conseguido empregando-se corrente de freqüência inferior à freqüência normal, em vez de elevar a tensão, pois assim o fluxo e a indução serão maiores, aumentando as perdas no ferro. A seguir, analisar-se-á o método de aquecimento por curto-circuito. A escolha de um ou outro método depende da relação entre perdas no cobre. Se elas forem grandes em relação às perdas no ferro, o método do curto-circuito deverá ser o preferido.

### d) Método do curto-circuito

Dos métodos indiretos previstos pelas normas para determinar o aquecimento do óleo e dos enrolamentos de transformadores de potência nas condições normais de plena carga, o curto-circuito é de uso mais difundido, cujos resultados têm sido aceitos, quer pelos fabricantes, quer pelos usuários. O único inconveniente que o processo apresenta refere-se à concentração das perdas totais em uma única parte (nos enrolamentos). Este fato leva a uma distribuição interna da temperatura, diferente da que ocorreria em condições normais de funcionamento. Entretanto, como já se disse, os resultados são aceitos devido à precisão que oferecem.

A técnica empregada consiste em se colocar um dos enrolamentos em curto-circuito e no outro aplicar uma tensão tal que produza, nos enrolamentos, correntes, que pelo efeito Joule seriam as responsáveis pela geração de calor. As perdas devem corresponder à mesma dissipada em condições normais de funcionamento.

Conforme se analisa a seguir, o ensaio é efetuado em duas etapas.

## 3. MÉTODO DO CURTO-CIRCUITO: EXECUÇÃO

### 3.1. Aquecimento do óleo (1ª etapa)

Sabe-se que uma das funções do óleo é a transmissão ao meio ambiente do calor gerado no transformador devido à energia dissipada nos enrolamentos (efeito Joule) e no núcleo (histerese e Foucault).

Quando se efetua um ensaio em curto, como já foi visto, as perdas no núcleo são desprezíveis, resultando daí que, se no ensaio fosse empregada uma tensão tal que correspondesse àquele valor utilizado no *ensaio em curto-circuito* (para a determinação de $Z\%$, $X\%$ e $R\%$), um erro seria cometido, pois as correntes seriam as nominais e, deste modo, estar-se-iam produzindo *apenas* as perdas *nominais nos enrolamentos* e, como já foi dito, o óleo se aquece devido às perdas nos enrolamentos e no núcleo.

Desse modo, ao se efetuar o teste, deve-se compensar as perdas não existentes, o que seria conseguido com a aplicação de uma tensão um pouco acima da necessária para a produção das correntes nominais, sendo que este acréscimo das correntes dissipará nos enrolamentos uma parcela de potência correspondente à existente no núcleo. Nessas condições, o óleo do transformador dissipará para o exterior a mesma quantidade de calor que em regime normal de funcionamento.

Não será necessário o cálculo do citado acréscimo de corrente, pois, ao ser inserido o wattímetro indicado na Fig. 4.1, e o mesmo indicar uma potência igual a $P_J + P_0 + P_A$, automaticamente a condição acima estará satisfeita.

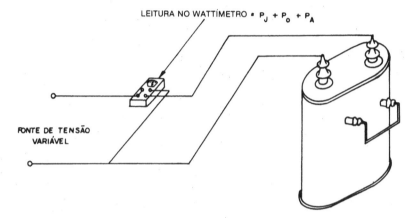

**Figura 4.1** — Esquema para o ensaio de aquecimento do óleo

Em relação ao método usado, pode-se observar que, devido à localização das perdas (concentradas nos enrolamentos), há uma diferença em relação ao funcionamento normal sob o ponto de vista de distribuição de temperaturas. Devido a esse fato, a temperatura nos diferentes pontos do óleo não é a mesma nos dois casos. Admite-se, porém, que a temperatura média e a do óleo em seus pontos mais quentes coincidam em ambos os casos.

Em relação à duração do ensaio, isso será discutido posteriormente, assim como também a determinação da temperatura do óleo.

### 3.2. Aquecimento dos enrolamentos (2.ª etapa)

Visto que as perdas que produzem o aquecimento dos enrolamentos correspondem às que efetivamente ali se localizam, o acréscimo de temperatura seria então devido unicamente ao efeito Joule produzido pelas correntes nominais.

Conclui-se, desse modo, que a 1.ª etapa, descrita atrás, não serve para a determinação de temperatura dos enrolamentos, pois lá as correntes eram maiores que as nominais e, portanto, a temperatura ali seria maior. Para a solução do problema, após a complementação daquela etapa, desliga-se o transformador. Após seu resfriamento, aplica-se ao mesmo uma tensão tal ligado conforme o esquema da Fig. 4.1, que faça circular nos enrolamentos as respectivas correntes nominais. Nessas condições, a indicação do wattímetro será idêntica à do ensaio em curto e os enrolamentos se aquecerão da mesma maneira que em regime nominal.

O tempo e a determinação das temperaturas do óleo e dos enrolamentos serão analisados nos itens que se seguem.

### 4. DETERMINAÇÃO DA TEMPERATURA AMBIENTE

A temperatura ambiente é dada pela média das leituras obtidas num termômetro, colocado em um recipiente cheio de óleo, que deve ser posto próximo do transformador, porém de maneira a não sofrer influência do calor irradiado do mesmo. O termômetro também não deve receber correntes de ar.

Para efeito de ensaio, a temperatura ambiente será tomada como a média das leituras, em intervalos de tempo iguais, durante o último quarto do período de duração da experiência.

No caso de o transformador ser com refrigeração forçada, a água ou a ar, a temperatura a ser medida será a de entrada e saída dos mesmos, acompanhada de medidas de vazão.

Deve-se tomar o máximo cuidado na leitura dessas temperaturas para se evitarem erros. Se a temperatura ambiente estiver entre 10°C e 40°C, não serão necessárias as correções de ensaio. Fora desses limites, devem ser introduzidos fatores de correção.

## 5. DURAÇÃO DO ENSAIO E MEDIDA DA TEMPERATURA DO ÓLEO

A temperatura do óleo é medida por um termômetro ou por um par termelétrico imersos até no máximo a 5 cm de profundidade em relação ao nível do óleo (onde se encontra a parte mais quente do mesmo). Se o transformador possuir tanque de óleo, o termômetro dever ser introduzido nesse local.

Registrando para diversos tempos de funcionamento as respectivas temperaturas do óleo no ponto mais quente, traça-se uma curva do tipo representada na Fig. 4.2.

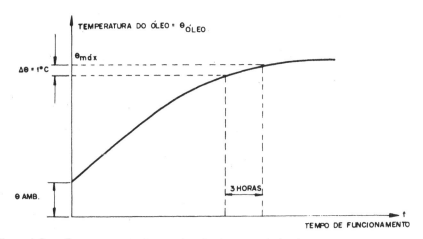

**Figura 4.2** — Temperatura do óleo em função do tempo de funcionamento

Como se vê na Fig. 4.2, o ensaio continuará até que em três horas sucessivas de funcionamento se tenha uma variação de temperatura no máximo igual a 1 °C.

Conhecendo-se $\theta_{max}$ (temperatura máxima de óleo), determina-se o gradiente de temperatura óleo-ambiente. O resultado é, em seguida, comparado com valores definidos por normas. Desta comparação tem-se a aprovação ou não do transformador sob o ponto de vista de aquecimento.

## 6. DURAÇÃO DO ENSAIO E MEDIDA DA TEMPERATURA DOS ENROLAMENTOS

A temperatura dos enrolamentos é, antes de mais nada, definida como

**44**  *Transformadores teoria e ensaios*

uma temperatura média entre os condutores das bobinas, pois os condutores internos ficam mais quentes que os externos. Esta temperatura é praticamente impossível de ser medida diretamente com o termômetro, por isso, usa-se o método indireto da variação da resistência do condutor com a temperatura.

Primeiramente, mede-se a resistência dos enrolamentos à temperatura ambiente, que também deve ser registrada. Para tal, é necessário que o transformador fique sem funcionar um tempo suficiente para que seja estabelecido o equilíbrio térmico entre os enrolamentos e o ambiente.

Liga-se o transformador em curto, fazendo circular nos enrolamentos as correntes nominais por cerca de uma hora (tempo este após o qual se pode admitir a estabilização do gradiente de temperatura: enrolamento-ambiente). Desliga-se, então, o transformador e mede-se o valor da resistência dos enrolamentos, a quente. O tempo entre o desligamento e a medida da resistência deve ser o menor possível, no máximo de 4 min., e deve-se sempre aplicar as correções, que serão vistas adiante, para se conhecer a temperatura no exato instante do desligamento.

A resistência dos enrolamentos é medida aplicando-se uma tensão contínua (para não ser levado em conta o efeito de reatância indutiva), geralmente de pilhas, e mediante aparelhos precisos, medindo a tensão aplicada à respectiva corrente circulante.

A tensão aplicada não pode ser muito pequena mas, sim, deve ter um valor suficientemente alto para saturar o circuito magnético dos enrolamentos, fazendo com que as bobinas tenham uma pequena auto-indução. O funcionamento nessas condições é idêntico ao de uma bobina com núcleo de ferro saturado, isto é, o circuito torna-se, praticamente, ôhmico, sem auto-indução. Consegue-se, assim, que a corrente medida se estabilize em frações de segundo. Em outras condições, a corrente contínua, devido à auto-indução, demoraria muito para se estabilizar, chegando em transformadores grandes até em minutos. Para um período tão elevado, a temperatura dos enrolamentos já sofreu variações substanciais.

Ao se medir a resistência, a quente, dos enrolamentos, após o desligamento do transformador, tal valor já será menor que o do exato instante do desligamento. Isso porque, por mais rápido que se faça a medida após o desligamento, os enrolamentos já teriam sua temperatura um pouco diminuída. Assim, para a determinação da resistência a quente, é necessária a introdução de algumas correções.

A correção mais usada é a extrapolação gráfica, a qual é descrita a seguir.

Tomam-se várias medidas da resistência com tempos iguais ao tempo decorrido entre o desligamento e a primeira medida. Procura-se efetuar o maior número de medidas dentro de 4 min. Com esses valores é traçada uma curva da variação da resistência com o tempo, conforme se ilustra na Fig. 4.3.

Para a obtenção da resistência no exato instante do desligamento, determinam-se as variações de resistência $\Delta R_1 = (R_1 - R_2)$, $\Delta R_2 = (R_2 - R_3)$, $\Delta R_3 = (R_3 - R_4)$ e $\Delta R_4 = (R_4 - R_5)$ que são colocadas no gráfico, conforme mostra a Fig. 4.3. Unindo-se os pontos $P_1$, $P_2$, $P_3$ e $P_4$, obtém-se a reta $xy$. Por $P_5$, traça-se uma paralela a $P_4 R_1$, determinando no eixo das resistências o valor $R_\theta$, que é a resistência no instante do desligamento.

Um outro procedimento consiste em empregarem-se correções por meio de fatores empíricos para os tipos mais comuns de transformadores. Por

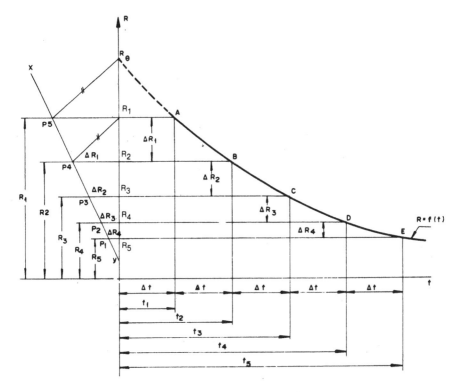

**Figura 4.3** — Processo gráfico para a determinação da resistência para $t = 0$

exemplo, em transformadores em líquido isolante, nos quais as perdas em curto sejam menores que 66 W/kg de cobre, a correção da temperatura em grau centígrado poderá ser tomada como sendo o produto da perda, em watts por quilo de cobre, para cada enrolamento, por um fator dado na Tab. 4.1 (que depende do intervalo de tempo decorrido entre o desligamento e o momento da leitura).

**Tabela 4.1** — Fatores de correção da temperatura

| Intervalo de tempo (min.) | Fator |
|---|---|
| 1 | 0,086 |
| 1,5 | 0,12 |
| 2 | 0,15 |
| 3 | 0,20 |
| 4 | 0,23 |

Para tempos não constantes na tabela deve-se usar interpolação.

Quando as perdas em curto não forem maiores que 15 W/kg para cada enrolamento, a correção é de 1 °C por minuto decorrido. Para a determinação da perda em curto-circuito em cada enrolamento, divide-se a perda total pro-

**46**  *Transformadores teoria e ensaios*

porcionalmente à perda ôhmica de cada enrolamento.

De posse da resistência a frio, da respectiva temperatura ambiente e da resistência a quente corrigida, aplica-se a expressão a seguir (ABNT NBR-5380) para calcular a temperatura dos enrolamentos com o transformador operando em regime nominal.

$$\theta = \frac{R_\theta}{R_0} \ (K + \theta_0 \ ) - K \qquad (4.1)$$

sendo: $\theta$, a temperatura correspondente a $R$ , em grau centígrado; $\theta_0$, a temperatura correspondente a $R_0$, em grau centígrado; $R_\theta$, a resistência a quente em ohm; $R_0$, a resistência a frio em ohm; e $K_\theta$, $=234,5$ para cobre e 225 para o alumínio.

Se o transformador for ensaiado numa altitude superior a 1 000 m, introduzem-se outras correções, como indicam as normas.

Finalmente, são apresentados na Tab. 4.2 os valores dos diversos gradientes de temperatura, de acordo com as normas ASA e IEC, adotadas pela ABNT. Esses valores correspondem ao máximo gradiente admissível para funcionamento normal.

**Tabela 4.2** — Gradientes de temperatura máximos permissíveis para transformadores (em °C)

| Tipos de transformadores | | Classe de material isolante | Máximo gradiente permissível | | | |
|---|---|---|---|---|---|---|
| | | | Enrola-mentos | Pontos mais quentes | Óleo | Partes metálicas |
| Em líquido do isolante | Sem conservador do óleo | 105 | 55 | 65 | 50 | Não devem atingir temperaturas elevadas, que tragam prejuízo |
| | Com conservador de óleo | 105 | 55 | 65 | 55 | |
| Secos | | 105 130 155 180 | 55 80 105 130 | 65 90 115 140 | — | Idem |

A classe do material isolante refere-se à máxima temperatura que pode ser aplicada ao mesmo sem alterar suas propriedades isolantes.

## 7. ALGUNS PROBLEMAS GERAIS RELACIONADOS AO AQUECIMENTO

a) O aquecimento limita a potência que pode ser extraída de determinada máquina, pois, com o aumento da corrente, há acréscimo da temperatura e, como conseqüência, pode ocorrer danos no isolamento. Como $S = VI$, e a tensão é praticamente constante, haverá um máximo valor de corrente, à qual estará associada uma máxima temperatura que definirá a potência nominal que poderá ser extraída. Desse modo, melhorando as condições de refrigera-

*Verificação das Condições Térmicas de Operação*  **47**

ção, é possível a utilização de um mesmo transformador para maiores potências que as especificadas. Com arrefecimento forçado, pode-se aumentar em cerca de 20% a 30% a potência nominal do transformador, de acordo com as características de projeto do transformador.

b) Em casos em que o aquecimento brusco provocar formação de gases no interior de um transformador, caracterizando defeitos, é comum a utilização de um relé Buchholz para alarme e desligamento do transformador.

c) Para evitar aquecimento, os transformadores, normalmente, possuem tanques de ferro com superfície corrugada para aumentar a área de dissipação do calor.

Quando isso se torna insuficiente, são acrescentados tubos ou radiadores. Nestes, o óleo pode sofrer processo de convexão natural ou forçada. Utilizam-se igualmente ventiladores externos, alimentados pelo serviço auxiliar da usina, com a finalidade de aumentar a potência extraível do transformador.

Em grandes subestações abrigadas utilizam-se transformadores com dois óleos isolantes distintos. O primeiro, chamado de "óleo vivo", é o que isola a máquina propriamente. O segundo, chamado de "óleo morto", tem por finalidade levar o calor para a parte externa da subestação, onde existe um trocador de calor. Tal sistema é mais confiável, pois um vazamento de água na tubulação da serpentina do trocador não compromete a rigidez dielétrica do isolante propriamente dito.

# capítulo 5 — Rendimento e regulação de tensão

## 1. OBJETIVO

Para a utilização de um transformador em um sistema elétrico, uma série de requisitos é desejada. Entre eles, citam-se o rendimento e a regulação. Para transformadores de potência é sempre exigida uma baixa regulação com um alto rendimento.

## 2. RENDIMENTO DE TRANSFORMADORES

Os transformadores são máquinas estáticas que transferem energia elétrica de um a outro circuito, mantendo a mesma freqüência e, normalmente, variando valores de corrente e de tensão.

Essa transferência de energia, como foi visto anteriormente, é acompanhada de perdas, tais como: no núcleo ($P_0$), nos enrolamentos ($P_J$) e adicionais ($P_A$). Essas perdas dependem da construção do transformador (material e espessura das chapas etc.) e do regime de funcionamento (tensão, corrente etc.).

Considerando a existência dessas perdas, tem-se para os transformadores, assim como para qualquer conversor de energia, uma diferença entre a potência de entrada ($P_1$) e de saída ($P_2$). A relação entre $P_1$ e $P_2$ vem expressa pelo denominado *rendimento*, cuja definição é:

$$\eta = \frac{P_2}{P_1} \tag{5.1}$$

Ou em porcentagem:

$$\eta\% = \frac{P_2}{P_1} \ 100 \tag{5.2}$$

Na maioria das máquinas, para se determinar o rendimento, bastaria medir as potências na entrada e na saída e substituí-las nas expressões (5.1) e (5.2). No caso de transformadores, é necessário o uso de um processo indireto, pois, para estes, o rendimento pode chegar até 99% e, nessas condições, a diferença das potências de entrada e saída é bem pequena, muitas vezes superando a classe de precisão dos instrumentos de medida. Para contornar esse problema, utiliza-se:

$$P_1 = P_2 + P_J + P_0 + P_A \tag{5.3}$$

Como $P_A \cong 15\%$ a 20% de $P_0$; considerando-se a pior hipótese e substituindo na equação anterior, vem:

$$P_1 = P_2 + P_J + 1,2 \, P_0 \tag{5.4}$$

tem-se ainda que:

$$P_2 = V_2 \, I_2 \, \cos \psi_c \tag{5.5}$$

$$P_J = r_1 I_1^2 + r_2 I_2^2 = R_2 I_2^2 \tag{5.6}$$

Na equação de $P_1$, substituindo $P_2$ e $P_J$ pelos segundos membros das expressões (5.5) e (5.6), vem:

$$P_1 = V_2 I_2 \cos \psi_c + R_2 I_2^2 + 1,2 P_0 \tag{5.7}$$

De modo a generalizar a formulação, observa-se que a corrente na expressão anterior não é $I_{2n}$ mas, sim, um valor qualquer de $I_2$.
Levando (5.5) e (5.7) em (5.2), tem-se:

$$\eta\% = \frac{V_2 I_2 \, \cos \psi_c}{V_2 I_2 \, \cos \psi_c + R_2 I_2^2 + 1,2 P_0} \; 100 \tag{5.8}$$

Deste modo, para a determinação do rendimento de um transformador, é suficiente a colocação de um wattímetro no secundário (verificando o valor de $P_2$), um amperímetro (valor de $I_2$), o conhecimento de $R_2$ (ensaio em curto) e $P_0$ (ensaio a vazio).

Nota: *Segundo a ABNT, o rendimento fornecido pelo fabricante deve-se referir às condições nominais e ao fator de potência da carga de valor unitário.*

O ensaio para a determinação do rendimento não é um ensaio de rotina, sendo geralmente feito em protótipos quando do projeto do transformador. Dependendo do resultado, efetuar-se-á uma alteração do projeto de modo a elevar tal valor.
Na Fig. 5.1 tem-se um ábaco para o cálculo do rendimento de transformadores em função do $P_0$ e $P_J$, para diversas correntes de carga.
Como exemplo, apresenta-se o cálculo do rendimento para um transformador que apresenta perdas nos enrolamentos da ordem de 1,5% da potência nominal e perdas no núcleo da ordem de 0,45% da mesma potência nominal. Como resultado, tem-se que, para a plena carga (4/4), o rendimento será de 98,1%.

### 2.1 Condição de máximo rendimento

É natural, na operação com qualquer componente de um sistema, que o mesmo apresente o maior rendimento para o ponto de funcionamento onde a máquina ou o equipamento permanece por mais tempo. Assim, imaginemos um transformador de potência que seria instalado, por exemplo, em uma subestação. Devido a seu funcionamento quase que constantemente próximo da potência nominal, o que o caracteriza como transformador de força, é interessante que o máximo rendimento ocorra para tal potência que corresponde à

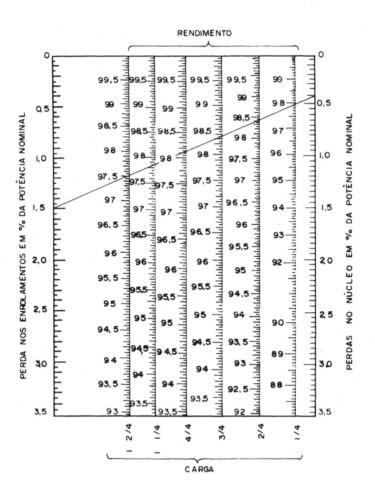

**Figura 5.1** — Ábaco para cálculo do rendimento de transformadores

corrente fornecida próxima da nominal. Um outro caso a ser considerado seria o de um transformador de distribuição para o qual o funcionamento em grande parte do tempo se encontra em subcarga. Uma curva típica de operação de um transformador de distribuição é ilustrada na Fig. 5.2.

Nota-se, pela Fig. 5.2, que o transformador fica na maior parte do tempo alimentando uma carga correspondente a, por exemplo, metade de sua carga nominal ($I_{2n}/2$). Portanto, neste caso, é mais interessante o funcionamento com o máximo rendimento para $I_2 = I_{2n}/2$. Para se verificar como isso se processa, consideremos os desenvolvimentos a seguir.

*Rendimento e Regulação de Tensão* **51**

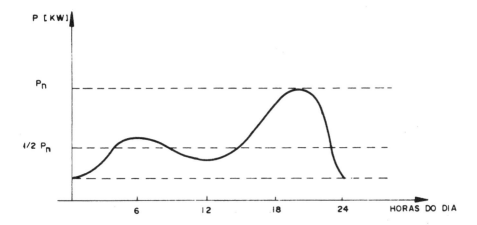

**Figura 5.2** — Curva de carga de transformador de distribuição

A equação do rendimento para uma corrente $I_2$ qualquer é

$$\eta\% = \frac{V_2 I_2 \cos \psi_c}{V_2 I_2 \cdot \cos \psi_c + R_2 I_2^2 + 1,2 P_0} \; 100$$

Para transformadores e sistemas bem projetados, embora haja variação de $I_2$, $V_2$ é praticamente constante e a carga alimentada tem um fator de potência com um valor praticamente constante. Nessas condições, podem-se introduzir algumas simplificações na expressão do rendimento e obter algumas importantes conclusões.

Na expressão do rendimento, multiplicando-se e dividindo-se os termos dependentes da corrente por $I_{2n}$, tem-se:

$$\eta\% = \frac{V_2 I_2 \cos \psi_c \, (I_{2n}/I_{2n})}{V_2 I_2 \cos \psi_c \, (I_{2n}/I_{2n}) + R_2 I_2^2 \, (I_{2n}^2/I_{2n}^2) + 1,2 P_0} \; 100$$

ou

$$\eta\% = \frac{V_2 I_{2n} \cos \psi_c \, (I_2/I_{2n})}{V_2 I_{2n} \cos \psi_c \, (I_2/I_{2n}) + R_2 I_2^2 \, (I_2/I_{2n})^2 + 1,2 P_0} \; 100$$

Considerando o que já se referiu anteriormente para $V_2$ e cos $\psi_c$, pode-se escrever:

$V_2 I_{2n} \cos \psi_c = P_{2n}$ — que corresponde à potência nominal e terá um valor praticamente constante.

$R_2 I_{2n}^2 = P_{Jn}$ — que corresponde às perdas no cobre (nominais) e terá um valor constante.

**52**  *Transformadores teoria e ensaios*

Chamando:

$$\frac{I_2}{I_{2n}} = f_c,$$

em que: $f_c$ é a fração de plena carga,

tem-se:

$$\eta\% = \frac{f_c P_{2n}}{f_c P_{2n} + f_c^2 P_{Jn} + 1,2\,P_0}\ 100 \tag{5.9}$$

De uma forma mais geral, isto é, para qualquer fator de potência, tem-se:

$$\eta\% = \frac{f_c\,S_n\,\cos\psi_c}{f_c S_n\,\cos\psi_c + f_c^2\,P_{Jn} + 1,2\,P_0}\ 100 \tag{5.10}$$

sendo:

$S_n$ a potência aparente nominal do transformador.

De onde se constata que, em (5.9), a única variável é $f_c$. Derivando, portanto, a expressão (5.9) em relação a $f_c$ e igualando a zero, vem:

$$f_c^2 P_{Jn} = 1,2\,P_0$$

O resultado acima permite concluir que o máximo rendimento ocorre quando as perdas no cobre forem iguais àquelas no núcleo mais as adicionais.

Da equação anterior:

$$f_c = \sqrt{\frac{1,2\,P_0}{P_{Jn}}} \tag{5.11}$$

Na fase de projeto do transformador, deve-se estabelecer o valor de $f_c$ como aproximadamente igual a 1 para os transformadores de força e 1/2 para os de distribuição.

Caso sejam levantadas as curvas $\eta\% = f(fc)$, para transformadores típicos de força e de distribuição, os resultados serão dos tipos mostrados na Fig. 5.3.

## 3. REGULAÇÃO DE TENSÃO PARA TRANSFORMADORES

A regulação de tensão de uma máquina mede a variação de tensão em seus terminais devido à passagem do regime a vazio para o regime em carga.

Para o caso específico de transformadores, a regulação mede a variação de tensão nos terminais do secundário, quando a este se conecta uma carga.

Com o transformador a vazio, no secundário tem-se a tensão $E_2$, que passa para um valor $V_2$ ao se ligar uma carga. Se a regulação é boa, esta variação será pequena e vice-versa.

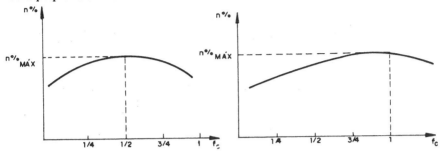

**Figura 5.3** — Curvas % × $f_c$ para transformadores: a) transformadores de distribuição (até 500 kVA); e b) transformadores de força (acima de 500 kVA)

A variação $\Delta V = E_2 - V_2$ depende da carga que se coloca no secundário, e pode ser: positiva, negativa ou nula, sendo que seu valor é influenciado por $I_2$ e cos $\psi_c$, como será visto.

Em geral, a regulação dos transformadores é definida para *valor nominal da corrente e fator de potência da carga aproximadamente unitário.*

A regulação é dada relativamente a $V_2$, e sua expressão em porcentagem é:

$$\text{Reg.\%} = \frac{E_2 - V_2}{V_2} \; 100 \qquad (5.12)$$

ou

$$\text{Reg.\%} = \frac{\Delta V}{V_2} \; 100 \qquad (5.13)$$

Analisando a expressão anterior, conclui-se que um grande valor da regulação significa grande diferença entre $E_2$ e $V_2$, ou seja, grande variação de tensão. Se, ao contrário, o valor da regulação é pequeno, tem-se pequena variação de tensão.

Para se determinar a regulação com a variação de $I_2$ e cos $\psi_c$, empregam-se normalmente dois processos, que serão analisados.

### 3.1. Método analítico

Considerando as grandezas do transformador referidas ao secundário, tem-se o diagrama fasorial da Fig. 5.4.

Da Fig. 5.4, tem-se:

$$\overline{OD} = E_2$$

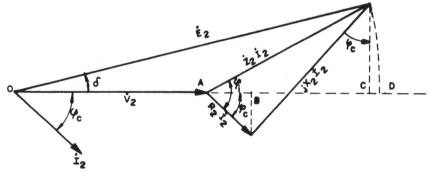

**Figura 5.4** — Diagrama fasorial do transformador com as grandezas referidas ao secundário

$$\overline{AB} + \overline{BC} + \overline{CD} = E_2 - V_2 \tag{5.14}$$

$$\overline{AB} = R_2 I_2 \cos \psi_c \tag{5.15}$$

$$\overline{BC} = X_2 \cdot I_2 \operatorname{sen} \psi_c \tag{5.16}$$

O segmento $\overline{CD}$ é aproximadamente nulo, pois os transformadores apresentam normalmente o ângulo de potência ($\delta$) muito pequeno, de tal modo que o ponto $D$ está bastante próximo do ponto $C$ (logo $\overline{CD} \cong 0$). Deve-se observar que tal parcela já não é desprezível para os casos em que $\delta$ é grande, ou seja, transformadores que apresentam elevada queda de tensão, que não pertencem aos casos normais aqui considerados. Substituindo (5.15) e (5.16) em (5.14), e considerando $\overline{CD} = 0$, vem:

$$E_2 - V_2 = R_2 I_2 \cos \psi_c + X_2 I_2 \operatorname{sen} \psi_c$$

Dividindo ambos os termos por $V_2$ e multiplicando por 100, tem-se:

$$\frac{E_2 - V_2}{V_2} 100 = \frac{R_2 I_2}{V_2} 100 \cos \psi_c + \frac{X_2 I_2}{V_2} 100 \operatorname{sen} \psi_c$$

Sendo a variação de $V_2$ bastante pequena com a carga, pode-se admiti-la como praticamente constante e igual a $V_{2n}$ no segundo membro, o qual, multiplicado e dividido por $I_{2n}$, leva a:

$$\text{Reg.}\% = \frac{R_2 I_2}{V_{2n}} 100 \frac{I_{2n}}{I_{2n}} \cos \psi_c + \frac{X_2 I_2}{V_{2n}} 100 \frac{I_{2n}}{I_{2n}} \operatorname{sen} \psi_c$$

ou

$$\text{Reg.}\% = \frac{I_2}{I_{2n}} \frac{R_2 I_{2n}}{V_{2n}} 100 \cos \psi_c + \frac{I_2}{I_{2n}} \frac{X_2 I_{2n}}{V_{2n}} 100 \operatorname{sen} \psi_c$$

logo:

$$\text{Reg.}\% = f_c \; R\% \; \cos \psi_c + f_c \; X\% \; \operatorname{sen} \psi_c \tag{5.17}$$

Também, a partir da análise da Fig. 5.4, pode-se chegar a:

$$\text{Reg.}\% = f_c \; Z\% \; \cos(\psi_i - \psi_c) \tag{5.18}$$

As expressões (5.17) e (5.18) permitem um estudo da variação da regulação com alterações de $I_2$ e $\psi_c$. Para diferentes valores dessas grandezas, é comum traçar curvas, tais como:

$\text{Reg.}\% = f(I_2)$ para $\cos \psi_c$ constante

$\text{Reg.}\% = f(\cos \psi_c)$ para $I_2$ constante

Tais curvas não são, entretanto, necessárias, pois, com o uso do Diagrama de Kapp para cada condição de funcionamento, determina-se $\Delta V$ e, com isso, a regulação.

### 3.2. Método gráfico — diagrama de Kapp

Desejando-se a regulação para determinados valores de $I_2$ e $\cos \psi_c$, constrói-se um diagrama pelo processo a ser descrito.

O diagrama fasorial da Fig. 5.4 pode também ser representado pela Fig. 5.5.

No diagrama da Fig. 5.5 aparecem o triângulo de quedas de tensão no transformador referido ao secundário e o triângulo $OAB$, que é a representação da equação fasorial $\dot{E}_2 = \dot{V}_2 + \dot{Z}_2 \dot{I}_2$.

Estando o transformador em operação, o valor da fem $E_2$ não se altera, pois $E_2 = V_1/K$ e a tensão da alimentação $V_1$ é considerada sempre constante. Logo, o fasor $E_2$ tem módulo constante no diagrama, variando apenas angularmente. Os valores $R_2$, $X_2$ e $Z_2$ são parâmetros do transformador, portanto independendo de seu regime de funcionamento.

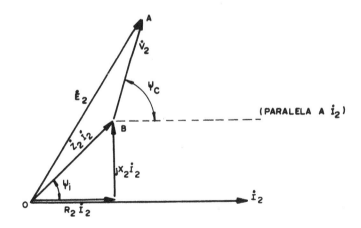

**Figura 5.5** — Outra configuração para o diagrama fasorial do transformador

A fem induzida $E_2$ e a impedância $Z_2$ podem ser determinadas pelos ensaios a vazio e em curto-circuito, respectivamente. Restam, então, apenas três grandezas que podem sofrer variações: a corrente $I_2$, a tensão $V_2$ e o fator de potência da carga dado por cos $\psi_c$.

A análise simultânea da variação das três grandezas é extremamente complexa, analítica e mesmo graficamente. Por outro lado, se uma das grandezas for tomada como parâmetro, a análise poderá ser feita facilmente por meio de gráficos, tendo-se então uma variável dependente e uma independente. Por exemplo, se o fator de potência da carga permanecer constante, poder-se-á facilmente traçar um gráfico que forneça, para cada valor de corrente $I_2$, a respectiva tensão $V_2$.

O dispositivo gráfico que permite, tomado um determinado parâmetro, a análise das outras duas grandezas foi idealizado por Kapp e é conhecido por Diagrama de Kapp.

Deve-se dizer que a tensão $V_2$ quase nunca é tomada como parâmetro, devido ao não interesse prático de se analisar a variação de $I_2$ com cos $\psi_c$. Assim, o uso do Diagrama de Kapp é realizado de duas maneiras: tomando cos $\psi_c$ como parâmetro e analisando a variação de $V_2$ com $I_2$ ou, então, tomando $I_2$ como parâmetro e estudando $V_2$ em função do cos $\psi_c$.

A construção do Diagrama de Kapp é feita a partir do triângulo de quedas do transformador, chamado de triângulo fundamental, ou triângulo fundamental de Kapp, e representado na Fig. 5.6.

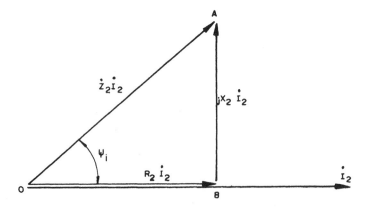

**Figura 5.6** — Triângulo fundamental

O ângulo interno desse triângulo não se modifica com a corrente $I_2$, pois este é sempre semelhante ao triângulo de impedância formado por $R_2$, $X_2$ e $Z_2$.

Vejamos, pois, como se processa a construção para os diversos casos.

Construindo o triângulo fundamental, centra-se um compasso no ponto O e, com raio igual a $E_2$, traça-se um arco de círculo (Fig. 5.7).

Com centro em $A$ e com raio ainda igual a $E_2$, traça-se um segundo arco de círculo. Qualquer segmento partindo de $A$ e interceptando o primeiro arco, por exemplo, em $C$ e o segundo em $D$, terá um segmento $\overline{AC}$ representando o módulo da tensão $\dot{V}_2$, para determinados $\psi_c$ e $I_2$, e um segmento $\overline{CD}$ (diferença aritmética entre $E_2$ e $V_2$) representando a queda de tensão ($\Delta V$) entre os regimes a vazio e em carga, valor este usado para o cálculo da regulação (expressão (5.13)). Deve-se notar que o segmento $\overline{CD}$ fornece a diferença entre os *módulos* dos fasores e, não, a diferença fasorial.

O diagrama anterior permite a análise da queda de tensão $\Delta V$, variando-se o fator de potência da carga. Notar que no ponto $P_1$, correspondente a um fator de potência capacitivo, não existe a queda $\Delta V$, isto é, a tensão no secundário é a mesma a vazio e em carga. O ponto $P_2$ não tem significado, pois corresponderia a um $\psi_c$ maior que 90°.

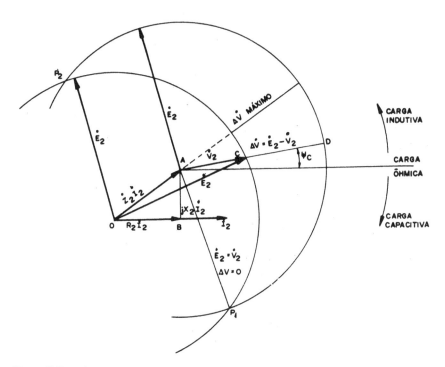

**Figura 5.7** — Diagrama de Kapp para $I_2$ constante

Diminuindo o fator de potência indutivo, aumenta a queda até um valor máximo, e isso se justifica pela análise da expressão (5.18), que corresponde a um ângulo:

$$\psi_c = \text{arc tg} \frac{X_2}{R_2}$$

que nada mais é que o ângulo correspondente ao fator de potência de curto-circuito do transformador (pois, em curto, a impedância do circuito equivalente se resume à impedância do transformador).

Se a carga for tal que ultrapasse $P_1$, ao se passar do funcionamento a vazio para com carga, haverá aumento da tensão secundária devido à preponderância do efeito capacitivo da carga em relação ao transformador.

No caso de ocorrerem variações da carga alimentada pelo transformador, a corrente $I_2$ se modifica e, a cada valor dessa grandeza, tem-se um determinado triângulo. Entretanto basta a construção de um triângulo, por exemplo, para $I_2 = I_{2n}$ (triângulo fundamental); e, para as demais correntes, os triângulos serão semelhantes ao fundamental e os lados serão frações daqueles correspondentes ao fundamental. A Fig. 5.8 ilustra tal construção.

Pelo motivo anteriormente exposto, a fem $E_2$ permanecerá constante e seu traçado será idêntico ao caso anterior.

Para o estudo da variação de $V_2$ com $I_2$ e $\cos \psi_c$, inicialmente identifica-se o triângulo fundamental correspondente. A partir de seu vértice $A$, que poderia ser $A_1, A_2, A_3 \ldots$, o processo será idêntico ao estudado, bastando o traçado da reta que determinará $V_2$ e $\Delta V$ posicionada para um $\psi_c$ dado.

Na Fig. 5.8, o diagrama está completo para o triângulo $OA_3B_3$, mostrando também $\Delta V$ nesta situação. Para os demais, o traçado é análogo.

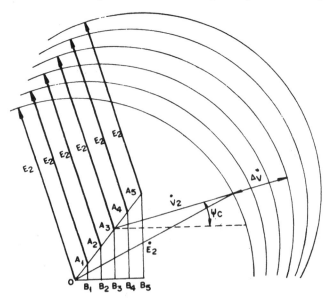

**Figura 5.8** — Diagrama de Kapp para várias correntes de carga

Deve-se lembrar que o Diagrama de Kapp deve ser construído com bastante precisão para se obterem resultados satisfatórios.

Para o cálculo da regulação, basta então, conhecidos $I_2$ e $\psi_c$, traçar diagramas como os das Figs. 5.7 ou 5.8 e determinar $V_2$ e $V$, aplicando então a expressão (5.13).

A seguir apresenta-se, por meio da Fig. 5.9, um ábaco para o cálculo da regulação. Se as grandezas a serem introduzidas para o cálculo de Reg% forem diferentes das existentes no ábaco, pode-se imaginar a existência de uma escala (de redução ou ampliação). Por exemplo, se $R\% = 8$ e $X\% = 12$, então pode-se considerar um fator de redução igual a 10, entrando com $R\% = 0,8$ e $X\% = 1,2$. Quanto ao resultado obtido, o mesmo deverá ser multiplicado por este fator.

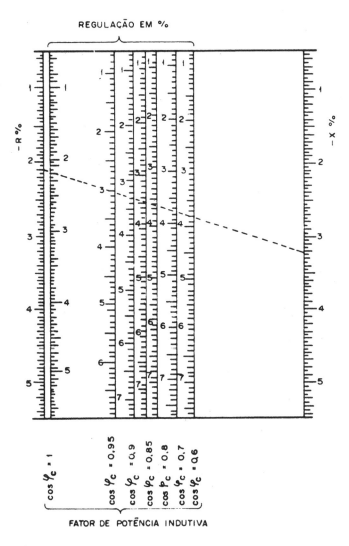

Figura 5.9 — Ábaco para cálculo da regulação

# capítulo 6 — Polaridade de transformadores monofásicos e análise introdutória de defasamentos de transformadores trifásicos

## 1. OBJETIVO

A marcação da polaridade dos terminais dos enrolamentos de um transformador monofásico indica quais são os terminais positivos e negativos em um determinado instante, isto é, a relação entre os sentidos momentâneos das fem nos enrolamentos primário e secundário. Por outro lado, o ângulo de defasagem entre tensões de TS e TI, isto é, o defasamento angular (D.A.), é importante de ser determinado nas seguintes situações:

*a)* ligação em paralelo de transformadores e

*b)* ligações de transformadores de corrente e potencial nos circuitos de medição e/ou proteção.

## 2. POLARIDADE DE TRANSFORMADORES MONOFÁSICOS

A polaridade dos transformadores depende fundamentalmente de como são enroladas as espiras do primário e do secundário (Fig. 6.1), que podem ter sentidos concordantes ou discordantes como se vê na mesma figura.

Esses sentidos têm implicação direta quanto à polaridade da fcem e fem. Por exemplo:

Aplicando uma tensão $V_1$ ao primário de ambos os transformadores, com a polaridade indicada na Fig. 6.1, haverá circulação de correntes nesses enrolamentos, segundo o sentido mostrado. Admitindo que as tensões e, conseqüentemente, as correntes estão crescendo, então os correspondentes fluxos serão crescentes e seus sentidos indicados (ver na figura o sentido de $\phi$). Como já se conhece da teoria de transformadores, devido ao referido fluxo, aparecerão fems nos enrolamentos secundários que, de acordo com a lei de Lenz contrariam a causa que as deu origem. Logo, no caso *a*, ter-se-á uma fem induzida que *tenderia a produzir a corrente* $i_2$ *indicada*. Portanto seria induzida uma fem $e_2$ no sentido andicado, ou seja, de 2' para 1', que irá ser responsável por um fluxo ($\phi'$) contrário ao $\phi$. Já no caso *b*, tal fem deverá ter sentido exatamente oposto ao interior, com o propósito de continuar produzindo um fluxo contrário ao indutor.

Analogamente ao que acontece no secundário, estando o mesmo fluxo $\phi$ cortando também o primário, tem-se uma tensão induzida no circuito do primário, sendo, pois, denominada por fcem, tendo o sentido indicado na Fig. 6.1 *a* e *b*. Uma vez que a tensão aplicada ($V_1$) tem a mesma polaridade, em ambos os casos deve-se ter a mesma polaridade para a fcem $e_1$ de modo que se tenha o efeito de queda de tensão.

Ligando-se, agora, os terminais 1 e 1' em curto, e colocando-se um voltímetro entre 2 e 2', verifica-se que as tensões induzidas ($e_1$ e $e_2$) irão subtrair-se (caso *a*) ou somar-se (caso *b*), originando daí a designação para os transformadores:

*Polaridade de Transformadores Monofásicos* 61

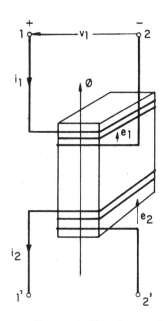 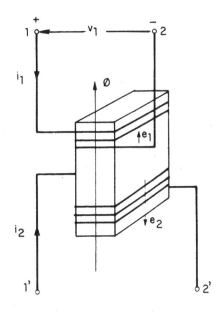

= fluxo produzido pela corrente $i_1$; a) sentido concordante dos enrolamentos; b) sentido discordante dos enrolamentos.

**Figura 6.1** — Influência do sentido do enrolamento na polaridade

*Caso a*: Polaridade subtrativa (mesmo sentido dos enrolamentos)
*Caso b*: Polaridade aditiva (sentidos contrários dos enrolamentos)

### 3. MARCAÇÃO DOS TERMINAIS

A ABNT recomenda que os terminais de tensão superior sejam marcados com $H_1$ e $H_2$, e os de tensão inferior com $X_1$ e $X_2$, de tal modo que os sentidos das fem momentâneas sejam sempre concordantes com respeito aos índices.

Usando tal notação, têm-se os arranjos da Fig. 6.2.

Com isso, pode-se observar que, na polaridade subtrativa, os terminais com índice 1 são adjacentes, o mesmo acontecendo com os de índices 2, e, na polaridade aditiva, esses índices são opostos entre si.

Um outro tipo de distinção entre os dois transformadores apresentados poderia ser feita em termos de defasamento entre os dois fasores representativos de $e_1$ e $e_2$.

Embora tal representação *não seja usada* para transformadores monofásicos, a mesma é aqui introduzida pela necessidade posterior dos transformadores trifásicos e, no presente ponto, sua conceituação se faz mais facilmente.

Considerando as direções e os sentidos dos fasores indicados na Fig. 6.2, verifica-se que, no primeiro caso, o ângulo entre os mesmos é de zero grau e, no segundo caso, de 180°. Assim, ao se marcarem os terminais daqueles transformadores, poder-se-ia fazê-lo sem se preocupar realmente com os sentidos corretos, isto é, se os mesmos índices (por exemplo, 1) são adjacentes ou não. Nesta situação, ter-se-ia a marcação como se indica pela Fig. 6.3.

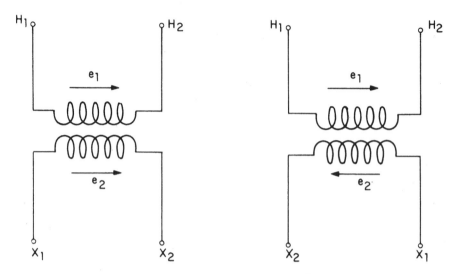

**Figura 6.2** — Polaridade de transformadores monofásicos: *a)* polaridade subtrativa; *b)* polaridade aditiva

Evidentemente, se os terminais dos transformadores são marcados como na Fig. 6.3, de acordo com a primeira notação, os mesmos seriam introduzidos como dois subtrativos. Entretanto, é conhecido que o segundo não o é, surgindo daí a necessidade do fornecimento de um outro elemento que os identifique ou os diferencie. Este elemento poderia ser o próprio ângulo entre $e_1$ e $e_2$. Assim, se no lado do primeiro se colocar a designação 0°, entender-se-á que $e_1$ e $e_2$ têm mesmo sentido, (portanto subtrativo), ao passo que, colocando-se 180° ao lado do segundo, entender-se-á estarem as fem defasadas do correspondente ângulo (transformador aditivo). Concluindo, com a nova marcação os índices perderam seu sentido anterior.

Caso interesse a ligação em paralelo de tais transformadores, deve-se, do lado secundário, ligar $X_1$ do primeiro com o $X_2$ do segundo e $X_2$ do primeiro com $X_1$ do segundo. A afirmação de se conectarem os terminais convenientemente para a ligação em paralelo será perfeitamente compreendida no próximo capítulo.

### 4. MÉTODOS DE ENSAIO

Segundo a ABNT, os métodos de ensaio usados para a determinação da polaridade de *transformadores monfásicos* são: *do golpe indutivo, da corrente alternada* e *do transformador-padrão,* que a seguir serão analisados.

#### 4.1. Método do golpe indutivo com corrente contínua

Ligam-se os terminais de tensão superior a uma fonte de corrente contínua. Instala-se um voltímetro de corrente contínua entre esses terminais de modo a se obter uma deflexão positiva ao se ligar a fonte c.c., estando a chave comutadora na posição 1. Naturalmente, nesta posição estar-se-ia observando a tensão entre os terminais $H_1$ e $H_2$. Em seguida, colocando-se a chave na po-

*Polaridade de Transformadores Monofásicos* **63**

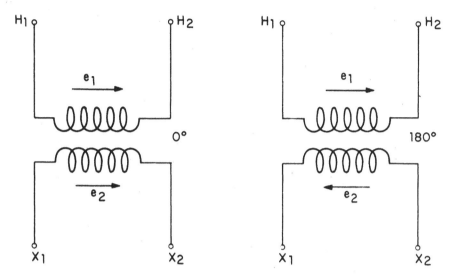

**Figura 6.3** — Outro modo para a marcação da polaridade de transformadores monofásicos

sição 2, transfere-se cada terminal do voltímetro para a baixa tensão do transformador, conforme se indica na Fig. 6.4.

Desliga-se, em seguida, a corrente de alimentação, observando-se o sentido de deflexão do voltímetro.

Quando as duas deflexões são em sentidos opostos, a polaridade é subtrativa; quando no mesmo sentido, é aditiva. Essas conclusões estão baseadas na lei de Lenz.

*Atenção:* **Para transformadores de medidas (TP e TC), os ensaios são normalizados de acordo com norma da ABNT e o método recomendado também é o do golpe indutivo com corrente contínua.**

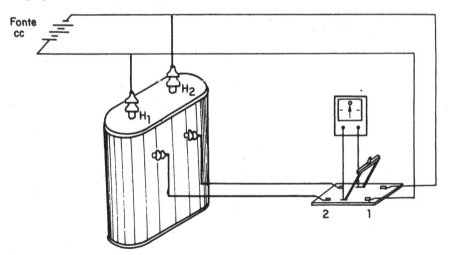

**Figura 6.4** — Determinação da polaridade pelo método do golpe indutivo

### 4.2. Método da corrente alternada

Este método é praticamente limitado a transformadores cuja relação do número de espiras é, no máximo, 30:1.

Aplica-se uma tensão alternada conveniente aos terminais de tensão superior, lêem-se as indicações de um voltímetro ligado primeiramente entre os terminais de tensão superior (chave na posição 1) e depois entre os terminais adjacentes (chave na posição 2), como se indica na Fig. 6.5.

Se a primeira leitura for maior que a segunda, a polaridade será subtrativa; caso contrário, será aditiva. Esta conclusão é obtida da própria definição de transformadores aditivo e subtrativo.

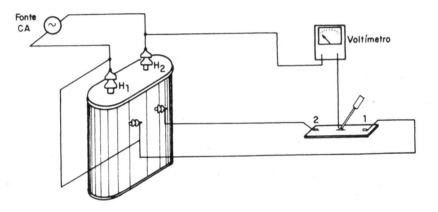

**Figura 6.5** — Determinação da polaridade pelo método da corrente alternada

### 4.3. Método do transformador-padrão

Este método consiste em comparar o transformador a ensaiar com um transformador-padrão de polaridade conhecida que tenha a mesma relação do número de espiras, de acordo com a Fig. 6.6.

Ligam-se entre si na tensão inferior os terminais da esquerda de quem olha pelo lado da tensão inferior, deixando livre os da direita.

Aplica-se uma tensão reduzida nos enrolamentos de maior tensão, que devem estar ligados em paralelo (com isso, definem-se $H_1$ e $H_2$ do segundo trafo), uma vez que estão eletricamente ligados aos correspondentes terminais do primeiro trafo, e mede-se o valor da tensão acusada pelo voltímetro. Se este valor for nulo ou praticamente nulo, os dois transformadores terão a mesma polaridade, ficando dessa forma conhecida a marcação dos terminais do transformador em teste. Se a leitura der o dobro da fem no secundário de um dos trafos, ou valor próximo a este, saber-se-á que a marcação dos terminais do segundo trafo será em seqüência oposta ao do primeiro.

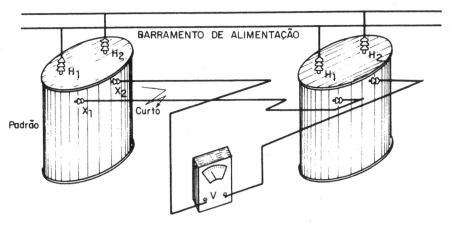

**Figura 6.6** — Determinação da polaridade pelo método do transformador-padrão

## 5. POLARIDADE EM TRANSFORMADORES TRIFÁSICOS — ANÁLISE DE DEFASAMENTO ANGULAR

Nos transformadores trifásicos (polifásicos), *a polaridade correspondente a cada fase* pode ser definida e determinada do mesmo modo que para transformadores monofásicos.

Sabe-se que a principal finalidade da determinação da polaridade de um transformador é para sua ligação em paralelo com um outro, sendo tal realizado como mostra a Fig. 6.7.

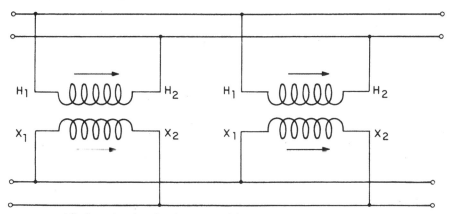

**Figura 6.7** — Trafos subtrativos ligados em paralelo

No caso da Fig. 6.7, observa-se que, ao serem ligados os secundários em paralelo, estar-se-ia unindo a um mesmo barramento os dois terminais, $X_1$ e $X_2$. Neste caso, a polaridade é importante, pois é definida *por uma tensão induzida exatamente entre* $X_1$ *e* $X_2$, e assim, para a malha formada pelos enrolamentos, tem-se um fem resultante de valor nulo, o que se deseja.

Para o caso de um transformador trifásico, tem-se a situação ilustrada pela Fig. 6.8.

**66**  *Transformadores teoria e ensaios*

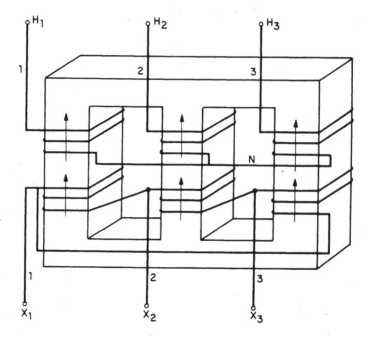

**Figura 6.8** — Conceituação de polaridade para transformadores trifásicos

Percebe-se, facilmente, que, quando se desejar ligar o transformador da Fig. 6.8 em paralelo com um outro, isso será feito ligando as fases 1 de ambos, 2 e 3, assim como foi feito no caso monofásico. Agora, observa-se que, pelo lado da alta tensão (admitido $Y$), entre 1 e 2 a tensão existente não é a representada pela seta (representando a tensão entre fase e neutro) mas, sim, uma outra que se sabe ser a entrefases.

Do que se acaba de dizer, conclui-se que para o caso monofásico a polaridade indica exatamente a tensão que vai ser ligada, ao passo que para trifásicos tal pode não ocorrer.

Para transformadores trifásicos, devem-se, então, comparar as tensões entre as fases de um e de outro transformador, que podem não corresponder às mesmas pela polaridade. Assim, surge a grandeza realmente utilizada, que será tratada por defasamento angular, medida, como se disse, por grandezas entre fases.

Como a polaridade propriamente dita ficou um tanto desnecessária, o problema de marcação de terminais ficou liberado e a nova marcação é feita, do modo discutido a seguir:

Ficando o observador do lado da *AT*, o primeiro isolador correspondente a uma fase a sua direita fica convencionado por $H_1$ e, sucessivamente, têm-se os $H_2$ e $H_3$ seguindo a ordem da direita para a esquerda. Para a baixa tensão, o isolador correspondente a $X_1$ será o adjacente a $H_1$, e assim sucessivamente.

Como tal convenção, tem-se na Fig. 6.8 os terminais devidamente indicados.

Para determinar o defasamento, podem-se traçar os diagramas da Fig. 6.10, em que os lados paralelos puderam ser assim desenhados devido à definição de polaridade por fase (no caso subtrativo), sendo que, como se disse, este fator no exame final não terá influência.

Os diagramas da Fig. 6.9 apresentam tensões entre fase e neutro. Entretanto a partir daqueles constroem-se os diagramas da Fig. 6.10, que serão utilizados na análise. Deve-se ainda considerar que, pela seqüência imposta na marcação $H_1$, $H_2$ e $H_3$, está-se admitindo a seqüência de fases 1, 2 e 3. Isto é, um observador estacionado em uma determinada posição verá os fasores que representam as tensões girando no sentido anti-horário, passando por este ponto na seqüência 1, 2 e 3. Um outro ponto de suma importância: *um transformador não pode alterar a seqüência de fases*, sendo que um dos erros que se cometem na representação dos terminais é indicar o primário com uma seqüência e o secundário com outra.

De posse dos diagramas da Fig. 6.10, colocando o fasor representativo da tensão entre fase 1 e 2 da TS e o da correspondente TI em uma mesma origem, tem-se a Fig. 6.11.

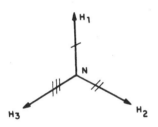 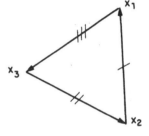

**Figura 6.9** — Diagramas fasoriais para TS e TI

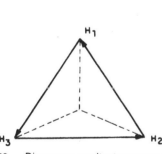 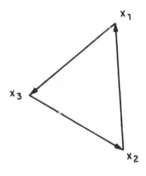

**Figura 6.10** — Diagramas resultantes para a análise

Verifica-se que, partindo da hipótese de ser o neutro da estrela inacessível, o diagrama *possível de ser obtido experimentalmente* só poderá ser formado pela figura geométrica correspondente às tensões entre fases. Como se sabe, obtido um diagrama em triângulo, tal pode corresponder aos enrolamentos ligados em triângulo ou Y. Portanto o ensaio permite o conhecimento do defasamento, *mas não permite* saber o tipo de conexão do trafo.

*A partir da Fig. 6.11, o defasamento angular é definido como sendo o ângulo existente entre* $X_1 X_2$ *e* $H_1 H_2$ *marcado da TI para a TS no sentido anti-horário.*

Dentro dessa definição, o defasamento angular do transformador considerado é de 30°. Caso se tivesse o mesmo transformador, porém aditivo por fase, o ângulo teria sido de 210°.

Como as normas estabelecem que os transformadores acima de 8,7 kV e 200 kVA devem ser subtrativos, na maioria dos casos encontrar-se-á o defasamento de 30°.

Assim como se encontra o defasamento de 30° para o transformador estrela-triângulo, também se encontraria o mesmo defasamento para o triângulo-estrela e o estrela-ziguezague*.

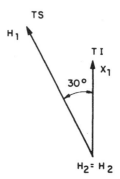

**Figura 6.11** — Defasamento angular

Existem, ainda, os que correspondem àqueles cujo defasamento é de zero grau (subtrativo) ou 180° (aditivo), sendo que tais trafos são: triângulo-triângulo, estrela-estrela e triângulo-ziguezague. Outros defasamentos podem ser encontrados, mas o detalhamento de todas as conexões, polaridade, variação do número de espiras etc., fogem ao escopo deste livro. Para maiores informações consultar as referências bibliográficas. Para a determinação do defasamento de um transformador, ligam-se os terminais de tensão superior a uma fonte trifásica aplicando-se aos terminais uma tensão reduzida.

Ligam-se entre si os terminais $H_1$ e $X_1$, e medem-se as tensões entre vários pares de terminais, de acordo como indica a ABNT na Tab. 6.1.

A operação acima é verdadeira como se pode notar pelas figuras a seguir, nas quais se representam superpostos os diagramas fasoriais do primário e secundário. (A superposição dos triângulos se deve ao curto entre $H_1$ e $X_1$, quando na determinação experimental do defasamento.)

Caso sejam aditivos, teremos que $H_1 H_2$ e $X_1 X_2$ estarão defasados de 180° ou 210° e assim, sucessivamente, para as outras tensões entre fases.

Observa-se pela Fig. 6.12 que cada um dos diagramas apresenta particularidades. Por exemplo, para *a*, têm-se $X_3 H_2$ e $X_2 H_3$ iguais (simetria da figura); e, para *b*, $X_2 H_3 = X_3 H_3$, ou seja, *pelo menos uma condição, sendo*

---

* Sendo o ziguezague composto de bobinas iguais

*Polaridade de Transformadores Monofásicos* 69

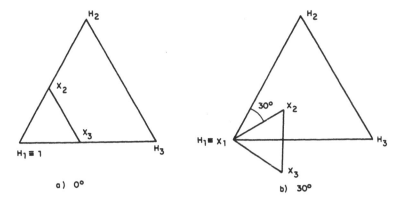

**Figura 6.12** — Triângulos para a determinação de defasamento angular

*verdadeira para um, não o é para um outro grupo.*

Assim, baseando-se em algumas leituras, um transformador trifásico pode ser classificado pelas medidas indicadas na Tab. 6.1.

O processo anteriormente descrito para a determinação do defasamento angular corresponde ao cumprimento fiel da teoria. Entretanto o mesmo ângulo poderia ser encontrado conforme o método a ser seguido ou mesmo por meio de um *medidor digital de ângulo de fase* (mostrado na Fig. 6.13).

Este procedimento consiste em se comparar as tensões entre fase e neutro de um e de outro diagrama fasorial correspondentes a uma mesma fase.

Nota-se que o procedimento é análogo ao anterior, ou seja, transporta-se para uma mesma origem os dois fasores de TS e TI correspondentes, e, segundo o que foi exposto, marca-se o defasamento no caso igual a 30°.

Este processo, comparado ao introduzido anteriormente, apresenta a vantagem de não haver preocupação com construção dos triângulos uma vez que as tensões a serem comparadas seriam as entre fase e neutro. Por outro lado,

**Figura 6.13** — Medidor digital de ângulo de fase.

**Tabela 6.1** — Ligações de transformadores trifásicos

Marcação dos terminais de transformadores e diagramas vetoriais de tensão, para ligações de transformadores trifásicos

*Polaridade de Transformadores Monofásicos* 71

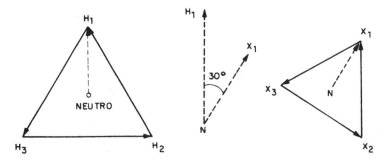

**Figura 6.14** — Outro método para a determinação do defasamento angular

algumas vezes sua aplicação parece irreal, pois, sendo, por exemplo, a BT ligada em triângulo, não haveria significado para uma tensão entre fase e neutro naqueles enrolamentos, usando-se neste caso, portanto, um artifício.

Ver-se-ão, agora, alguns processos práticos para a determinação do defasamento angular, que, naturalmente, conduzem aos mesmos resultados encontrados por aplicação da teoria apresentada.

*1.º Processo*

Como já se verificou para a determinação do defasamento angular, foi necessário desenhar-se o núcleo, no qual foram enroladas as bobinas do primário e secundário. Aquela representação foi de importante valia para o posicionamento das setas representativas da polaridade, as quais são básicas para o traçado do diagrama fasorial, que possibilitará a determinação do ângulo procurado. Entretanto, desde que a polaridade nos seja afirmada, aquela figura pode ser dispensada, sendo substituída por um esquema bem mais simples, conforme se apresentará a seguir. Além disso, o método a ser discutido, deve admitir conhecidas as conexões internas do transformador, ou seja, se está em triângulo, estrela ou ziguezague.

Para fornecer os detalhes de como estão ligadas as bobinas de um transformador, a ABNT apresenta esquemas do tipo indicado na Fig. 6.15. Para es-

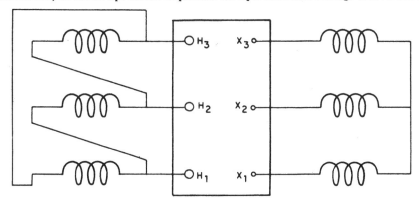

**Figura 6.15** — Trafo triângulo/estrela, segundo representação da ABNT

ta, deve-se entender que o quadrado representa a tampa superior do trafo com os respectivos isoladores, e os enrolamentos foram rebatidos sobre um plano definido pela tampa.

Evidentemente, uma figura desse tipo não fornece detalhes a respeito da polaridade por fase, sendo, pois, necessário que este dado seja fornecido.

Desde que a polaridade seja dada, podem-se então indicar as setas representativas das tensões e construir o diagrama fasorial. Em relação ao posicionamento da seta, vê-se pela Fig. 6.8 que, *sendo o transformador subtrativo, as setas estão voltadas para os terminais correspondentes aos isoladores de TS e TI, respectivamente*. Aplicando esta conclusão na Fig. 6.15, se aquele transformador fosse subtrativo, ter-se-ia:

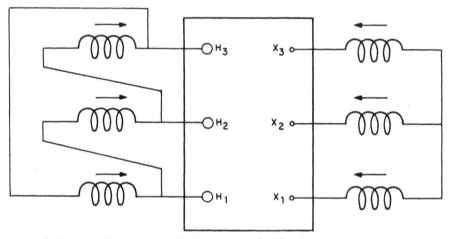

**Figura 6.16** — Identificação da polaridade para um trafo triângulo/estrela subtrativo

A partir da Fig. 6.16, pode-se construir o diagrama fasorial e, em seguida, determinar o defasamento angular pela seqüência já apresentada.

Uma outra forma de se representar o trafo é dada a seguir, e constitui uma indicação bastante comum. Esta nova forma difere da que se acabou de analisar apenas quanto ao modo com que se faz o rebatimento.

Tal como anteriormente, desde que seja fornecida a informação dos sentidos relativos dos enrolamentos sobre uma mesma perna, que permitirá concluir se o mesmo é aditivo ou subtrativo, podem-se indicar na figura as setas da tensão.

Se, por exemplo, o trafo for subtrativo — e considerando para estes casos as setas estarem orientadas para os isoladores (como já se concluiu anteriormente) —, poder-se-á elaborar a Fig. 6.18.

Para a construção do diagrama fasorial correspondente ao trafo acima, traça-se a Y (estrela) do diagrama da TS e, em seguida, pelo processo conhecido, constrói-se a da TI. O diagrama da TS foi determinado pela seqüência de fases 1, 2 e 3 imposta pela Fig. 6.18.

Uma vez que a seqüência da TI é 1, 2 e 3, e como um trafo *nunca poderá mudar a seqüência de fases* (exceto quando se invertem duas fases de saída, mesmo não tendo sido o trafo o causador da alteração), a seqüência da TS será a mesma e representada como se indicou na Fig. 6.19.

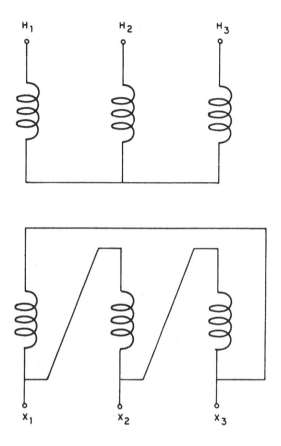

**Figura 6.17** — Trafo estrela/triângulo, representação esquemática

Conhecido o defasamento angular, pode-se classificar o trafo anterior como:

Yd 330°

em que: Y é a conexão estrela na TS (a letra maiúscula designa que esta é a conexão da TS); d, a conexão triângulo ou delta na TI (a letra minúscula representa que esta é a conexão da TI); e 330°, o defasamento angular.

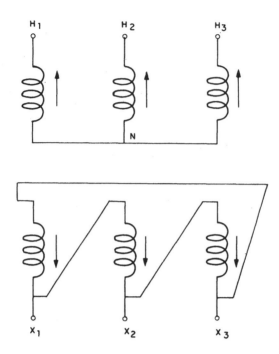

**Figura 6.18** — Trafo estrela/triângulo, marcação da polaridade para o trafo subtrativo

*Atenção*: O ângulo entre os ponteiros do relógio é de 330° às 11 horas, efetuando-se a medida a partir do ponteiro das horas para o dos minutos, no sentido anti-horário. Desse modo, há uma correlação entre as horas e os ângu-

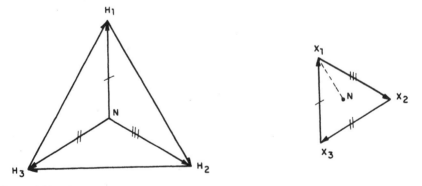

**Figura 6.19** — Diagrama fasorial para um trafo estrela/triângulo, subtrativo

los de zero a 360°, sendo que, em alguns casos, o ângulo é substituído por um número que representa as horas. Para tanto:

Horas × 30 = deslocamento angular

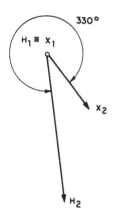 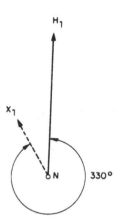

a) Comparando fasores entre fases    b) Comparando fasores entre fase e neutro

**Figura 6.20** — Determinação do defasamento angular

*Exemplo*: O trafo para o qual acabamos de determinar o defasamento angular seria classificado neste novo sistema como:

Yd 11 = Yd 330°

*2.º processo: Método do golpe indutivo*

Utilizando o método do golpe indutivo, já apresentado neste trabalho, é possível também a determinação do defasamento angular de um trafo trifásico. A seguir, de forma prática, apresentam-se as etapas a ser seguidas.

*a) Equipamento:* Pilha e amperímetro para corrente contínua com zero central.

*b) Preparação de ensaio*: Tomam-se a pilha e o amperímetro, e , liga-se o pólo positivo da mesma a um dos bornes do instrumento, com a finalidade de determinar ou verificar o positivo do instrumento. Se ao se ligar a pilha a um determinado borne o ponteiro defletir para a direita, o borne ligado ao positivo da pilha será positivo; caso contrário, será negativo.

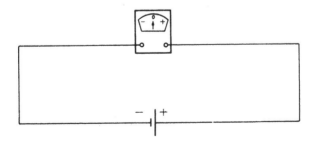

**Figura 6.21** — Verificação do positivo do amperímetro

Feito isso, saber-se-á no decorrer do ensaio, que, se se ligar o instrumento a dois terminais do transformador o ponteiro defletir para a direita, o terminal ligado no positivo será o positivo.

c) *Descrição do ensaio*: Liga-se a pilha na TS, como no esquema abaixo:

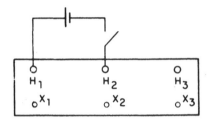

**Figura 6.22** — Conexão da fonte na TS

Liga-se o amperímetro em três posições, aos terminais da TI.
1.ª posição: $X_1 X_2$ (positivo do instrumento $X_1$)
2.ª posição: $X_1 X_3$ (positivo do instrumento $X_1$)
3.ª posição: $X_2 X_3$ (positivo do instrumento $X_2$)

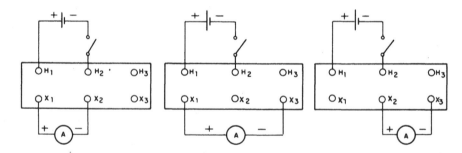

**Figura 6.23** — Conexões para a TI

Fecha-se o interruptor na TS, fazendo desta forma $H_1^{(+)}$ e $H_2^{(-)}$, e verifica-se para as três ligações de TI a polaridade dos terminais $X_1 X_2$, $X_1 X_3$ e $X_2 X_3$.

Quando se aplicar um pico de tensão contínua na TS com polaridade $H_1^{(+)}$ e $H_2^{(-)}$, ter-se-ão as respostas da Tab. 6.2.

| $X_1$ | $X_2$ | $X_1$ | $X_3$ | $X_2$ | $X_3$ | Defasamento |
|---|---|---|---|---|---|---|
| + | − | + | − | − | + | 0° ou 0 |
| + | − | 0 | 0 | − | + | 30° ou 1 |
| − | + | − | + | + | − | 180° ou 6 |
| − | + | 0 | 0 | + | − | 210° ou 7 |

**Tabela 6.2** — Determinação do defasamento angular pelo método do golpe indutivo

# capítulo 7 — Paralelismo

## 1. OBJETIVO

Sem dúvida, uma das mais importantes operações com transformadores é a ligação de várias unidades em paralelo, de tal modo a ser conseguida uma maior confiabilidade de fornecimento de energia, ou mesmo uma maior potência para um sistema elétrico. Para que o propósito seja atingido corretamente, certas precauções devem ser tomadas, e serão o objetivo desta análise.

Entre as vantagens citadas do uso em paralelo de transformadores destaca-se, como se disse, a obtenção de uma certa potência que, talvez, não pudesse ser conseguida com um único transformador de potência normalizada (ou, até que isso seja possível, advirão graves problemas de transporte). Uma outra grande vantagem da ligação em paralelo de transformadores pode ser evidenciada pelo diagrama unifilar de uma subestação alimentadora mostrado na Fig. 7.1.

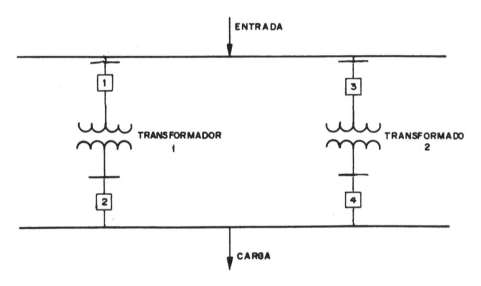

**Figura 7.1** — Subestação industrial típica com transformadores em paralelo

Nota-se que, no caso de defeito do transformador 1, ou mesmo para sua manutenção, pode-se atuar nos disjuntores 1 e 2, retirando o citado transformador de serviço, e mantendo a alimentação da carga pelo transformador 2. Nota-se que há um aumento da confiabilidade do sistema em termos de fornecimento de energia, o que foi conseguido pelo uso dos dois transformadores operando em paralelo.

De modo geral, para que dois ou mais transformadores sejam colocados em paralelo, eles devem satisfazer a uma série de condições que serão especificadas — duas essenciais, indicadas por (F), e duas de otimização, indicadas por (O). O estudo será realizado para o caso mais simples (dois transformadores), podendo os resultados serem estendidos a todos os casos.

## 2. MESMA RELAÇÃO DE TRANSFORMAÇÃO, OU VALORES MUITO PRÓXIMOS (F)

Como as tensões entre fases para a alimentação são as mesmas, quer para o transformador 1, quer para o 2, da Fig. 7.2, para que os mesmos possam ser ligados em paralelo a primeira condição estabelece que as leituras nos voltímetros indicados sejam as mesmas ou aproximadamente iguais.

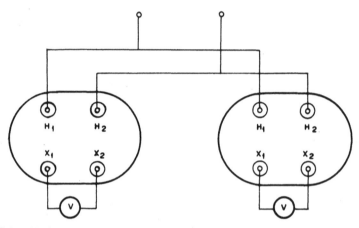

**Figura 7.2** — Verificação da relação de transformação

Vejamos o caso de transformadores monofásicos que não satisfaçam a tal condição, ou seja, as relações de transformação são diferentes ($K_1 \neq K_2$). A análise é feita com base na Fig. 7.3.

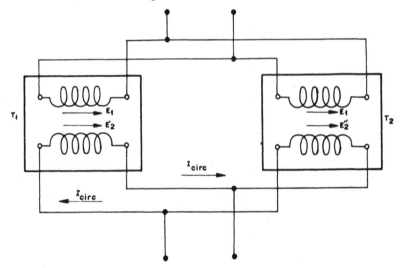

**Figura 7.3** — Circuito interno formado pelos enrolamentos dos transformadores

Observa-se pela Fig. 7.3 que, sendo as tensões do primário as mesmas, caso haja diferença na relação de transformação, poder-se-á ter, por exemplo, $E'_2 > E''_2$, ou seja, $K_2 > K_1$.

Considerando o funcionamento a vazio, pode-se traçar o diagrama fasorial da Fig. 7.4 aplicado ao circuito interno formado pelos dois secundários. Deve-se atentar para o fato de as fems estarem em oposição à referida malha.

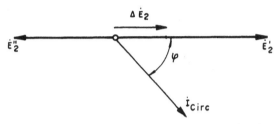

**Figura 7.4** — Diagrama fasorial para o circuito formado durante o funcionamento a vazio

Na Fig. 7.4:

$\dot{E}'_2$ — fem induzida no secundário do transformador $T_1$.

$\dot{E}''_2$ — fem induzida no secundário do transformador $T_2$.

$\Delta \dot{E}_2 = \dot{E}'_2 = \dot{E}''_2$ — fem resultante para a malha formada.

$I_{circ}$ — corrente de circulação que se estabelece na malha formada pelos secundários devido a $\Delta E_2$.

Deve-se considerar que, neste estudo, admitem-se os dois transformadores com impedância do mesmo valor do ângulo interno, o que permite somar as impedâncias na forma algébrica. Admite-se também que os transformadores estão ligados de forma correta, e, conseqüentemente, o único problema se refere à relação de transformação.

Dessa forma, tem-se a equação a seguir fornecendo o módulo da corrente de circulação:

$$I_{circ} = \frac{\overline{\Delta \dot{E}_2}}{Z'_2 + Z''_2} \tag{7.1}$$

em que: $Z'_2$ é a impedância do transformador $T_1$ referida ao secundário, e $Z''_2$, a impedância do transformador $T_2$ referida ao secundário.

Podemos levar em conta os dois transformadores com $Z'_2 = Z''_2$, entretanto, no estudo, consideram-se as mesmas diferentes (módulos diferentes) para uma generalização.

Sabendo-se que $\Delta E_2 = E'_2 - E''_2$ e

$$E'_2 = \frac{E_1}{K_1}$$

$$E''_2 = \frac{E_1}{K_2}$$

**80** *Transformadores teoria e ensaios*

substituindo $E_2'$ e $E_2''$ em $\Delta E_2$, e a expressão obtida, por sua vez, na equação de $I_{circ}$ vem:

$$I_{circ} = \frac{E_1 \left( \dfrac{K_2 - K_1}{K_1 \, K_2} \right)}{Z_2' + Z_2''} \tag{7.2}$$

Pode-se adotar uma relação de transformação média $K$ dada por:

$$K = \sqrt{K_1 \, K_2} \tag{7.3}$$

Na expressão da corrente de circulação:

$$I_{circ} = \frac{\dfrac{E_1}{K} \quad \dfrac{K_2 - K_1}{K}}{Z_2' + Z_2''}$$

Tem-se que $E_1/K$ corresponde a uma fem média induzida no secundário $(E_2)$, que com aproximação pode ser considerada como sendo a tensão de saída $(V_{2n})$. Nessas condições,

$$I_{circ} = \frac{V_{2n} \dfrac{K_2 - K_1}{K}}{Z_2' + Z_2''} = \frac{\dfrac{K_2 - K_1}{K}}{\dfrac{Z_2'}{V_{2n}} + \dfrac{Z_2''}{V_{2n}}}$$

que é equivalente a:

$$I_{circ} = \frac{\dfrac{K_2 - K_1}{K} \; 100}{\dfrac{Z_2' \, I_{2n}'}{V_{2n}} \dfrac{100}{I_{2n}'} + \dfrac{Z_2'' \, I_{2n}''}{V_{2n}} \dfrac{100}{I_{2N}''}} \tag{7.4}$$

Na expressão acima, $I_{2n}'$ e $I_{2n}''$ são as *correntes nominais* dos dois tranformadores que, de modo a generalizar, admite-se como sendo diferentes, pois os mesmos podem ter potências diferentes.

Pela definição de valores percentuais, e chamando:

$$\frac{K_2 - K_1}{K} \; 100 = \Delta K\%, \tag{7.5}$$

tem-se que:

$$I_{circ} = \frac{\Delta K\%}{Z'\%/I_{2n}' + Z''\%/I_{2n}''} \tag{7.6}$$

Normalmente, a corrente de circulação é expressa em porcentagem da nominal de qualquer um dos transformadores. Tomando-a, por exemplo, em relação à corrente nominal do secundário do $T_1$:

$$I_{circ}\% = \frac{I_{circ}}{I'_{2n}} \ 100 = \frac{\Delta K\% \ \ 100}{Z'\% + Z''\% \ (I'_{2n}/I''_{2n})} \tag{7.7}$$

Como a tensão $V_{2n}$ é a mesma para os dois transformadores, pode-se escrever:

$$\frac{I'_{2n}}{I''_{2n}} = \frac{S'_n}{S''_n} \tag{7.8}$$

em que: $S'_n$ é a potência nominal do transformador $T_1$; e $S''_n$, a potência nominal do transformador $T_2$.

Substituindo a Eq. (7.8) em (7.7):

$$I_{circ}\% = \frac{\Delta K\% \ \ 100}{Z'\% + Z''\% \ \overline{(S'_n/S''_n)}} \tag{7.9}$$

Esta corrente não teria nenhuma utilidade e é responsável por um sobreaquecimento do transformador, pois, circulando pelas resistências $R'_2$ e $R''_2$, dissipam potências pelo efeito Joule. Assim, recomenda-se uma certa percentagem máxima da citada corrente, expressa em função da diferença de tensões, admitida no máximo igual a 0,5% da tensão nominal do enrolamento correspondente.

A operação em paralelo de transformadores que possuam relações de transformação diferentes, *funcionando a vazio*, conduz a uma tensão no barramento, possuindo um valor intermediário entre $E'_2$ e $E''_2$, portanto menor que a fem de um dos transformadores e maior que a do outro.

## 3. MESMO GRUPO DE DEFASAMENTO (F)

Quando dois transformadores são colocados em paralelo, é essencial que, para a malha interna formada pelos secundários, tenha-se a fem resultante nula. Para tal, deve-se ter $E'_2 = E''_2$ e as duas tensões em oposição, conforme se ilustra na Fig. 7.5.

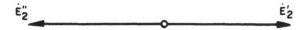

**Figura 7.5** — Composição fasorial desejada para as fems, como ela é vista pela malha interna secundária formada pelos transformadores

O problema da igualdade dos módulos foi devidamente analisado. Façamos agora algumas considerações a respeito da oposição entre os fasores representativos das fems.

Desejando-se conectar transformadores monofásicos em paralelo, o intento será alcançado curto-circuitando os bornes de mesmos índices, com o que se espera obter uma fem resultante nula para a malha interna formada pelos secundários. Para a verificação desta condição, sejam os exemplos a seguir de conexão em paralelo de dois transformadores, em que foram usadas as duas representações para a polaridade, como se discutiu no capítulo anterior. É importante observar que a notação realmente empregada corresponde à primeira, à esquerda (Fig. 7.6).

*a)* $T_1$ e $T_2$ subtrativos

Representando os transformadores como sendo vistos pela parte superior, tem-se o arranjo ilustrado na Fig. 7.6.

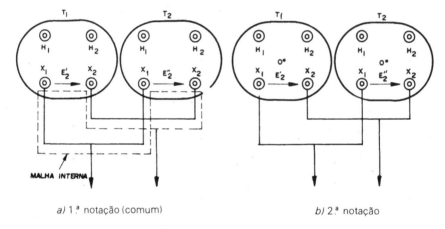

*a)* 1.ª notação (comum)  *b)* 2.ª notação

**Figura 7.6** — Paralelismo de dois transformadores monofásicos subtrativos

Na figura acima, não houve preocupação com as ligações da *TS*, visto que as mesmas consistem simplesmente em unir também terminais de mesmo índice.

Sabendo-se que os sentidos das fems obedecem à ordem dos índices, podem-se marcar ainda na Fig. 7.6 os sentidos para $E'_2$ e $E''_2$. Em conseqüência das ligações realizadas, tem-se formado um circuito interno pelos dois secundários; circuito este constituído de uma baixa impedância; portanto, se para esta malha as tensões $E'_2$ e $E''_2$ se somarem, haverá uma *elevada* corrente de circulação correspondendo a uma corrente de curto-circuito. De modo a evitar tal problema, conforme se pode constatar pela figura, basta que sejam conectados os bornes de mesmo índice; e assim, para a malha interna, ter-se-á uma fem resultante igual a zero.

*b)* $T_1$ subtrativo e $T_2$ aditivo

Neste caso, a representação seria a indicada na Fig. 7.7.

Paralelismo 83

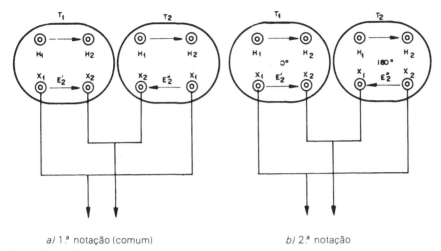

a) 1.ª notação (comum)    b) 2.ª notação

**Figura 7.7** — Paralelismo de dois transformadores monofásicos: $T_1$ subtrativo; e $T_2$ aditivo

No caso da 1.ª notação, o problema já foi devidamente analisado (ligar terminais de mesmo índice), entretanto, à 2.ª notação, caberia um rápido comentário.

Quando o terminal $X_1$ de $T_1$ foi conectado com $X_2$ de $T_2$, o objetivo era procurar os terminais correspondentes dos dois transformadores, de tal modo que a fem resultante na conhecida malha interna fosse nula. Efetuando essa operação, $X_1$ estará ao mesmo potencial de $X_2$, portanto este fato leva a uma mudança dos índices do transformador aditivo. Alterando-se a marcação das buchas de $T_2$, estar-se-ia transformando-o de 180° para 0° e, assim, $X_1$ de $T_1$ corresponderia a $X_1$ de $T_2$, o mesmo ocorrendo com os $X_2$. Deste modo, constata-se que transformadores de mesmo tipo, porém de polaridades opostas, podem operar em paralelo desde que sejam procurados os terminais correspondentes.

Tal como foi abordado para monofásicos, ao se desejar colocar dois transformadores trifásicos em paralelo, se o problema se resumir na ligação de dois transformadores, sendo um 30° e outro 210°, concluir-se-á que é desejada a operação de dois transformadores: um subtrativo e um **aditivo**, *pertencentes a um mesmo grupo*. Neste caso, assim como no dos monofásicos, deve-se pela mudança dos terminais de *um deles* — mudanças estas que poderão ser efetuadas na *TS* ou na *TI,* ou em ambas —, transformar o angulo de 210° em 30°. Isto é possível, como se observou no capítulo anterior.

Colocando em paralelo dois transformadores com um mesmo defasamento, unindo os terminais $X_1$, $X_2$ e $X_3$, têm-se as tensões entre fases em oposição correspondendo exatamente ao problema analisado. Este fato permite a ligação em paralelo, pois, para as malhas internas formadas, as fems resultantes terão valor nulo.

No caso de transformadores pertencentes a grupos diferentes, sem alterar as *ligações internas do transformador* (transformando, por exemplo, uma estrela em um triângulo), eles jamais poderiam ser operados em paralelo, pois não haveria possibilidade da transformação para um mesmo defasamento. Caso fosse tentada a ligação, na melhor condição ter-se-ia um defasamento entre os dois secundários de no mínimo 30°, originando uma fem resultante, conforme se indica na Fig. 7.8.

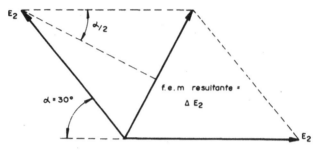

**Figura 7.8** — Fem resultante da tentativa de ligação em paralelo de transformadores de grupos diferentes

Utilizando a mesma equação anteriormente apresentada para a determinação do módulo de corrente de circulação, pode-se escrever:

$$\dot{I}_{circ} = \frac{\Delta \dot{E}_2}{\dot{Z}_2' + \dot{Z}_2''}$$

Admitindo-se que a condição anterior e as de otimização (a seguir) tenham sido obedecidas, exceto a de defasamento, a equação acima seria resumida a:

$$\dot{I}_{circ} = \frac{\Delta \dot{E}_2}{2\dot{Z}_2} \qquad (7.10)$$

Da Fig. 7.8 pode-se expressar a tensão $\Delta E_2$ como função das fems $E_2$. Deve-se observar que, se a condição de relação de transformação foi obedecida, isso implica módulos iguais para as fems $E_2'$ e $E_2''$. O ângulo $\alpha$, para dois transformadores, corresponde a no mínimo 30°.

Da Fig. 7.8:

$$\Delta E_2 = 2E_2 \operatorname{sen} \alpha/2 \qquad (7.11)$$

Substituindo a expressão (7.11) em (7.10), módulo de $I_{circ}$ será:

$$I_{circ} = \frac{E_2 \operatorname{sen} \alpha/2}{Z_2} \qquad (7.12)$$

Como $Z\% = \dfrac{Z_2 \, I_{2n}}{V_{2n}} \ 100$

pode-se expressar $Z_2$ em função de $Z\%$ e substituir na equação de $I_{circ}$. Assim:

$$I_{circ} = \frac{E_2 \operatorname{sen} \alpha/2}{\dfrac{Z\% \; V_{2n}}{I_{2n} \cdot 100}} \qquad (7.13)$$

Como $E_2 \cong V_{2n}$, tem-se:

$$I_{circ} = \frac{100 \; I_{2n} \operatorname{sen} \alpha/2}{Z\%} \qquad (7.14)$$

Considerando que a corrente de circulação é normalmente expressa em relação à corrente nominal, é conveniente dividir a expressão obtida por $I_{2n}$.

$$\frac{I_{cir}}{I_{2n}} = \frac{100 \operatorname{sen} \alpha/2}{Z\%} \qquad (7.15)$$

## 4. MESMA IMPEDÂNCIA PERCENTUAL ($Z\%$) OU MESMA TENSÃO DE CURTO-CIRCUITO OU VALORES PRÓXIMOS (O)

Estando os secundários ligados em paralelo, verifica-se que a vazio, pela primeira condição, deve-se ter $E'_2 = E''_2$. Nesta situação, nenhuma corrente de circulação existirá e o conjunto estará operando em vazio. Colocando-se desse modo um voltímetro entre os terminais do secundário de cada um, têm-se as fems $E''_2$ e $E'_1$, como mostra a Fig. 7.9.

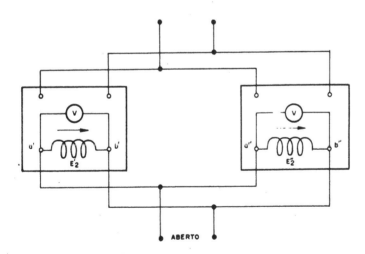

**Figura 7.9** — Efeito das impedâncias dos transformadores na distribuição da carga

Quando uma carga for conectada e alimentada por uma corrente $I_2$, esta corrente será distribuída entre os dois transformadores. Nota-se então que, circulando uma corrente por um transformador, que como elemento de circui-

**86** *Transformadores teoria e ensaios*

to nada mais é que uma impedância, haverá uma queda de tensão interna, de tal modo que as tensões terminais resultantes indicadas pelos voltímetros seriam $V_2' = V_2'' = V_2$, ou seja, como $E_2'$ era igual a $E_2''$, ocorreu nos transformadores uma mesma queda $\Delta V_2' = \Delta V_2''$. Como já se referiu, essas quedas corresponderiam ao produto de uma impedância pela correspondente corrente. Os módulos dessas quedas de tensão são expressos por:

$$\Delta V_2' = Z_2' I_2' \qquad (7.16)$$

$$\Delta V_2'' = Z_2'' I_2'' \qquad (7.17)$$

Como $\Delta V_2' = \Delta V_2''$, tem-se:

$$\frac{I_2'}{I_2''} = \frac{Z_2''}{Z_2'} \qquad (7.18)$$

Já que a tensão é única ($V_2$) e como $S = VI$, a equação anterior pode também ser representada por:

$$\frac{S'\%}{S''\%} = \frac{Z''\%}{Z'\%} \qquad (7.19)$$

em que: $S'\%$ é a potência que o transformador $T_1$ fornece em porcentagem de sua potência nominal; e $S''\%$, idem, para o transformador $T_2$.

Desta expressão, observa-se que as potências entre os transformadores se distribuem de maneira inversamente proporcional às correspondentes impedâncias percentuais.

Deve-se considerar que a condição analisada corresponde a um problema de otimização, não constituindo um item obrigatório a ser obedecido. Este fato leva à conclusão da possibilidade do paralelismo de transformadores mesmo com diferentes impedâncias percentuais, com a ressalva apresentada pela equação da distribuição de potências.

Um outro ponto a ser levantado é que o estudo foi realizado tendo em vista os *módulos* das impedâncias; no próximo item analisar-se-á o efeito dos correspondentes *argumentos*.

## 5. MESMA RELAÇÃO ENTRE REATÂNCIA E RESISTÊNCIA EQUIVALENTE (O)

Supondo que dois transformadores obedeçam a todas as condições impostas ($E_2' = E_2''$ e $Z_2' = Z_2''$ — *em módulos*), pode-se ainda analisar se os argumentos das referidas impedâncias podem ou não influenciar a operação em paralelo. Isso, em outras palavras, vem a ser a consideração da influência do ângulo dado pela relação entre a reatância e a resistência expressas em ohms ou em valores percentuais.

O assunto pode ser facilmente desenvolvido com base na Fig. 7.10, mostrando o circuito equivalente de dois transformadores em paralelo. Observa-se que o circuito é constituído de duas impedâncias conectadas da mesma forma como os transformadores estão ligados — índices 2 indicam que o sistema foi referido ao secundário.

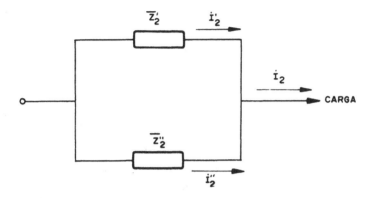

**Figura 7.10** — Circuito elétrico equivalente à associação dos transformadores

As impedâncias $Z'_2$ e $Z''_2$, embora tenham o mesmo módulo, podem apresentar os ângulos internos com valores diferentes, o que seria verdadeiro, caso as relações $X'_2/R'_2$ e $X''_2/R''_2$ não fossem iguais.

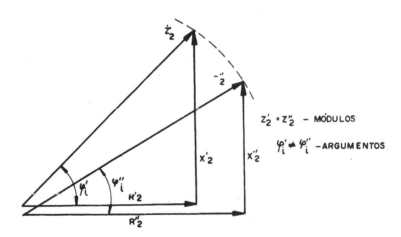

**Figura 7.11** — Transformadores com diferentes ângulos internos

Pela Fig. 7.10, a corrente total $\dot{I}_2$ (fasor) seria distribuída do seguinte modo:

$$\dot{I}'_2 = \dot{I}_2 \cdot \frac{\dot{Z}''_2}{\dot{Z}'_2 + \dot{Z}''_2} = \dot{I}_2 \frac{Z''_2 \, e^{j\psi''}i}{Z'_2 \cdot e^{j\psi'}i + Z''_2 \, e^{j\psi''}i} \qquad (7.20)$$

e

$$\dot{I}_2'' = \dot{I}_2 \frac{Z_2'}{Z_2' + Z_2''} = \dot{I}_2 \frac{Z_2' e^{j\psi'i}}{Z_2' \cdot e^{j\psi'i} + Z_2'' e^{j\psi''i}} \qquad (7.21)$$

Como $Z_2'' = Z_2'$, tem-se:

$$\frac{\dot{I}_2'}{\dot{I}_2''} = e^{j(\psi'i - \psi'i)} \qquad (7.22)$$

Chamando a diferença $(\psi_i'' - \psi_i') = \Delta\psi_i$, a equação anterior seria representada por:

$$\frac{\dot{I}_2'}{\dot{I}_2''} = e^{j\Delta\psi i} \qquad (7.23)$$

Donde se conclui:

*Caso se tenha $Z_2' = Z_2''$ (módulos), as correntes se distribuirão com mesmos módulos; entretanto, se os ângulos internos forem diferentes, as mesmas não estarão em fase.*

Como as tensões nos terminais dos trafos são as mesmas ($\dot{V}_2' = \dot{V}_2'' = \dot{V}_2$), as correspondentes potências aparentes seriam dadas por:

$$\dot{S}' = \dot{V}_2 \, \dot{I}_2'^* \qquad (7.24)$$

$$\dot{S}'' = \dot{V}_2 \, \dot{I}_2''^* \qquad (7.25)$$

Nas quais o símbolo (*) representa o conjugado da corrente.

A potência aparente total fornecida pelo conjunto será:

$$\dot{S} = \dot{S}' + \dot{S}'' \qquad (7.26)$$

Se existir o defasamento $\Delta\psi_i$ entre as duas correntes, então esta diferença se manifestará também nas potências. Em conseqüência, a soma anterior poderia ser representada pela Fig. 7.12.

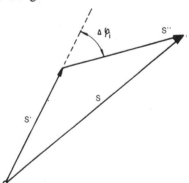

**Figura 7.12** — Potência aparente total

Assim verifica-se que, com os mesmos dois transformadores, com $\Delta\psi_i = 0$ (isto é, $R'_2/X'_2 = R''_2/X''_2$), tem-se o valor máximo de potência aparente disponível, pois a soma vetorial se resume à soma aritmética ($S = S' + S''$).

Conclui-se finalmente, que a condição de mesma relação entrem as reatâncias e resistências é um problema de otimização do conjunto, pois, neste caso, ter-se-á a maior potência aparente que se poderá extrair do sistema.

# capítulo 8 — Verificação do isolamento: resistência de isolamento, tensão aplicada e tensão induzida

## 1. OBJETIVO

Até o presente ponto, analisaram-se os ensaios dos transformadores, determinando parâmetros e características, sob condições normais de operação. Ocorre, entretanto, que qualquer componente ao ser ligado a um sistema elétrico poderá sob certas circunstâncias ficar sujeito a sobretensões de diversas origens, tornando-se, pois, necessário conhecer ou prever seu desempenho quando sujeito a estas solicitações.

Torna-se, portanto, necessário estabelecer maneiras para a análise do isolamento do transformador. Neste capítulo, analisar-se-ão os métodos da tensão aplicada e tensão induzida. Além desses, será também estudado o processo mais simples para a determinação do estado do material isolante, que consiste na medida da resistência de isolamento.

## 2. SOLICITAÇÕES DO ISOLAMENTO

Como todas as máquinas elétricas, os transformadores trabalham segundo uma série de recomendações, observadas por motivo de segurança, melhor funcionamento etc. Entre essas especificações, cita-se o aterramento do tanque, do núcleo e de todas as partes metálicas inativas.

Assim, em funcionamento, além da diferença de potencial entre as bobinas de alta e baixa tensão, têm-se também tensões desses enrolamentos para as partes metálicas, que estariam aterradas. Se o isolamento não for adequado para essas tensões, poderão surgir as denominadas *correntes de fuga*, que se estabelecem pelo isolante, que por sua vez ocasionariam perda de potência, estabelecimento de arcos voltaicos e progressiva deteriorização do isolante.

Além disso, nota-se que, no enrolamento de alta tensão, por exemplo, a diferença de potencial entre uma espira e a seguinte é considerável, exigindo também um bom isolamento, pois, caso contrário, poderá surgir o já citado arco entre espiras, danificando o enrolamento. As Figs. 8.1 e 8.2 ilustram os pontos referidos acima, onde ocorrem diversos gradientes de potencial. Na Fig. 8.1 tem-se a constituição física do interior do transformador enquanto a Fig. 8.2 corresponde a uma representação mais esquemática. Na Fig. 8.2 tem-se uma indicação mais clara a respeito dos diversos gradientes de potencial que solicitam o isolamento.

Resumindo, pode-se dizer que no interior do transformador existem partes, a potenciais diferentes, que ocasionarão o aparecimento de diversos gradientes de potenciais e necessitam de isolamento adequado, para que sejam evitadas as correntes de fuga ou mesmo a abertura de arcos voltaicos.

No próprio projeto de transformador, tais gradientes são levados em consideração e, evidentemente, o isolamento elétrico já é dimensionado de modo a suportá-los. Contudo, poderá ocorrer que os isolantes usados não apresentem as características desejadas ou mesmo que com o decorrer do tempo, ou devi-

Verificação do Isolamento: Resistência de Isolamento, Tensão Aplicada e Tensão Induzida   91

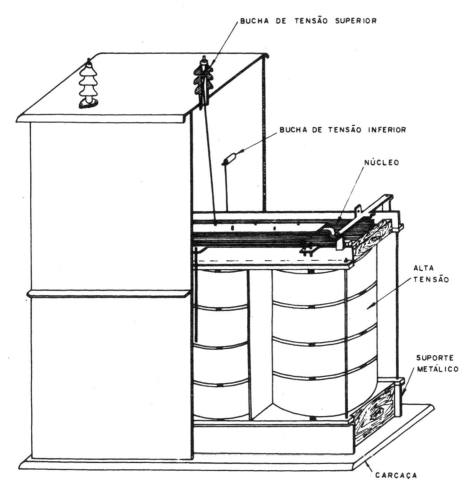

**Figura 8.1** — O transformador e seus componentes

do a um distúrbio qualquer, o isolamento possa enfraquecer em um ponto qualquer. Se o transformador for colocado em funcionamento nessas condições, além da perda de potência haverá o sério risco de um curto-circuito interno. Esses fatos levam a concluir a necessidade de ensaios que venham a comprovar o estado do isolamento do transformador.

Os métodos usados para tal fim são: medição na resistência de isolamento, tensão aplicada e tensão induzida.

## 3. RESISTÊNCIA DE ISOLAMENTO

O instrumento utilizado na verificação do isolamento entre enrolamentos e entre enrolamentos e massa (núcleo, carcaça etc.) é o megôhmetro. A resistência determinada, embora sujeita a grandes variações devido à temperatura, à umidade e à qualidade do óleo empregado, é um valor que dá idéia do estado

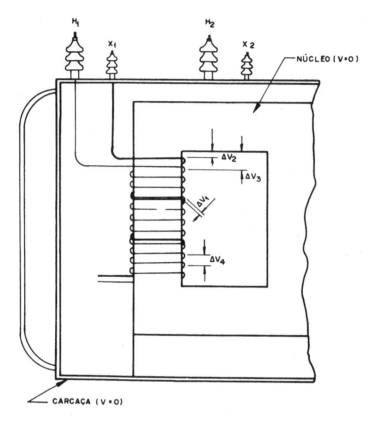

**Figura 8.2** — O transformador em forma esquemática, de modo a visualizar os gradientes de potencial: $V_1$, o gradiente de potencial entre bobinas da alta tensão e a baixa tensão; $V_2$, o gradiente de potencial entre bobinas de baixa tensão e a massa; $V_3$, o gradiente de potencial entre bobinas de alta tensão e a massa; e $V_4$, o gradiente de potencial entre espiras do enrolamento de alta tensão

de isolamento *antes de se submeter o transformador aos ensaios dielétricos* (tensão aplicada, tensão induzida e impulso). Além disso, as medições permitem um acompanhamento do processo de secagem do transformador. Para a medida da resistência do isolamento, usa-se um instrumento que nada mais é que uma fonte de tensão ligada em série com um amperímetro. Como a corrente registrada é proporcional à resistência a ser medida, a graduação do amperímetro é feita diretamente em ohm ou, no caso, em megohm. Como o objetivo é a determinação do isolamento entre os enrolamentos e entre os mesmos e a massa, é conveniente uniformizar o potencial em toda a bobina. Para tanto conectam-se os terminais de um mesmo enrolamento, como mostra a Fig. 8.3. A medição deve ser feita entre os pontos 1 e 2, entre 1 e 3, e entre 2 e 3.

Existem hoje em dia diversos tipos de megôhmetros: manual, motorizado e eletrônico. O último é um dos mais difundidos atualmente.

Para medir corretamente o isolamento, a fonte deveria ter uma tensão que *não poderia ser inferior* a normal de serviço do equipamento a ser testado, pois o defeito que apareceria com esta tensão poderia não se manifestar com valores mais baixos. Existem normas especificando quais as tensões para este teste, que, resumindo, são expressas em função da tensão nominal do transformador. Assim, chamando $V_N$ a tensão nominal em volt, para transformadores até 10 kV o megôhmetro deverá ter uma fonte com tensão, em volt, dada por:

$$3{,}25\ V_N \tag{8.1}$$

E, para transformadores acima de 10 kV:

$$15\ 000 + 1{,}75\ V_N \tag{8.2}$$

As mesmas normas especificam que a prova deverá ser realizada com tensões alternadas para que as condições de operação do enrolamento, no que se refere ao isolamento, sejam as mesmas que em funcionamento normal.

Acontece que, para se obter um megôhmetro com as características especificadas, facilmente se conclui das dificuldades de construção (ver valores de tensão). Devido a esse inconveniente e ao alto custo, a substituição é feita por

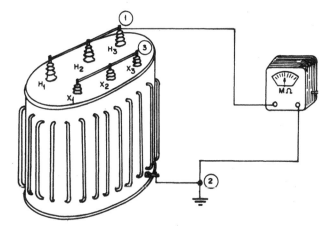

**Figura 8.3** — Uso do megôhmetro para verificação do isolamento

fontes de corrente contínua que fornecem tensões de 500 a 5 000 V, dependendo do tipo. Nota-se, deste modo, que em muitos casos o uso dos megôhmetros é falho pelo fato de se usarem as tensões citadas, que poderão ser bastante inferiores à tensão nominal de um determinado transformador a ser ensaiado. A ABNT fixa que a tensão aplicada deverá ser de no mínimo 1 000 V para um transformador de até 69 kV, inclusive; e de 2 000 V, no mínimo, para os transformadores de classe superior aos 69 kV.

Os valores observados para as resistências medidas deverão ser iguais ou maiores aos dados pelas expressões a seguir, para que os transformadores possam ser empregados.

**94** *Transformadores teoria e ensaios*

*a) Transformadores secos*

$$R_{i_{75\,°C}} = \frac{V_i}{\dfrac{S_n}{100} + 100} \qquad (8.3)$$

*b) Transformadores imersos em óleo*

$$R_{i_{75\,°C}} = \frac{2,65 \quad V_i}{\sqrt{S_n/f}} \qquad (8.4)$$

*c) Transformadores imersos em Ascarel*

$$R_{i_{75\,°C}} = \frac{0,265 \quad V_i}{\sqrt{S_n/f}} \qquad (8.5)$$

em que: $R_{i_{75\,°C}}$ é a resistência mínima do isolamento a 75 °C, para cada fase; $V_i$, a classe de tensão de isolamento nominal do enrolamento considerado (em kV); $S_n$, a potência nominal do enrolamento considerado em kVA. Se o transformador for trifásico, a potência de cada enrolamento será 1/3 daquela dada na placa; e $f$, a freqüência nominal em Hz.

Nota-se que os valores mínimos recomendados se referem a uma temperatura de 75 °C, que pode não corresponder àquela para a qual se está medindo $R_i$ com o megôhmetro. Normalmente, o valor encontrado refere-se à temperatura ambiente.

Considerando que a resistência de isolamento é fortemente afetada pela temperatura, de modo a comparar o valor lido com o uso do megôhmetro com os mínimos recomendados, deve-se antes de mais nada colocá-los em uma mesma temperatura. Para tanto podem-se utilizar dois métodos:

*a) Corrigindo a resistência mínima ($R_i$) de 75° para a temperatura ambiente*

É o método recomendado pela ABNT. Para tanto, multiplica-se o valor encontrado para $R_i$ por um fator de correção dado pela Tab. 8.1. O resultado corresponderá ao valor mínimo da resistência de isolamento permitido, para um determinado transformador à temperatura ambiente.

*Exemplo:* Qual a menor resistência de isolamento admissível a 25 °C para um transformador monofásico da classe de 15 kV, com potência de 15 kVA e freqüência de 60 Hz, imerso em óleo mineral?
Por aplicação da expressão correspondente:

$$R_{i_{75\,°C}} = \frac{2,65 \times 15}{\sqrt{15/60}} = 78 \text{ M}\Omega$$

*Verificação do Isolamento: Resistência de Isolamento, Tensão Aplicada e Tensão Induzida* **95**

**Tabela 8.1** — Fatores de correção para a determinação da resistência de isolamento mínima em temperaturas diferentes de 75 °C.

| Temperatura (°C) | Fator de correção | Temperatura (°C) | Fator de correção |
|---|---|---|---|
| 0 | 181 | 41 | 10,6 |
| 1 | 169 | 42 | 9,9 |
| 2 | 158 | 43 | 9,2 |
| 3 | 147 | 44 | 8,6 |
| 4 | 137 | 45 | 8,0 |
| 5 | 128 | 46 | 7,5 |
| 6 | 119 | 47 | 7,0 |
| 7 | 111 | 48 | 6,5 |
| 8 | 104 | 49 | 6,1 |
| 9 | 97 | 50 | 5,7 |
| 10 | 91 | 51 | 5,3 |
| 11 | 84 | 52 | 4,92 |
| 12 | 79 | 53 | 4,59 |
| 13 | 74 | 54 | 4,29 |
| 14 | 69 | 55 | 4,00 |
| 15 | 64 | 56 | 3,73 |
| 16 | 60 | 57 | 3,48 |
| 17 | 56 | 58 | 3,25 |
| 18 | 52 | 59 | 3,03 |
| 19 | 48,5 | 60 | 2,83 |
| 20 | 45,3 | 61 | 2,64 |
| 21 | 42,2 | 62 | 2,46 |
| 22 | 36,4 | 63 | 2,30 |
| 23 | 36,8 | 64 | 2,14 |
| 24 | 34,3 | 65 | 2,00 |
| 25 | 32,0 | 66 | 1,87 |
| 26 | 29,9 | 67 | 1,74 |
| 27 | 27,9 | 68 | 1,62 |
| 28 | 26,0 | 69 | 1,52 |
| 29 | 24,3 | 70 | 1,41 |
| 30 | 22,6 | 71 | 1,32 |
| 31 | 21,1 | 72 | 1,23 |
| 32 | 19,7 | 73 | 1,15 |
| 33 | 18,4 | 74 | 1,07 |
| 34 | 17,2 | 75 | 1,00 |
| 35 | 16,0 | 76 | 0,93 |
| 36 | 14,9 | 77 | 0,87 |
| 37 | 13,9 | 78 | 0,81 |
| 38 | 13,0 | 79 | 0,76 |
| 39 | 12,1 | 80 | 0,71 |
| 40 | 11,3 | | |

Pela Tab. 8.1 tem-se que o fator de correção será 32, portanto:

$$R_{i_{25}\,°C} = 32 \times R_{i_{75}\,°C} = 32 \times 78 = 2\,500\ \text{M}\Omega$$

Portanto a menor resistência de isolamento admissível a 25° C será de 2 500 MΩ.

*b) Corrigindo a resistência medida com o megôhmetro da temperatura ambiente para 75 °C*

Para tanto utiliza-se o ábaco abaixo, cujo manuseio pode ser compreendido pelo exemplo.

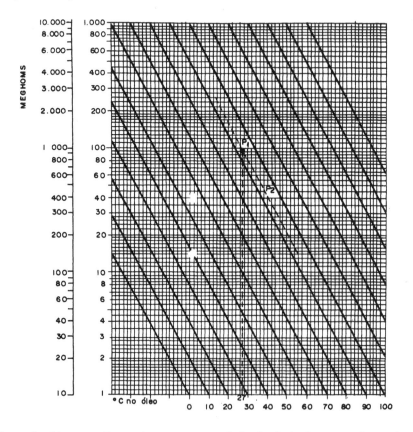

*Exemplo:* Um transformador tem sua resistência de isolamento determinada por um megôhmetro que indicou 1 000 MΩ, quando a temperatura ambiente era de 27 °C. Qual será a correspondente resistência a 40 °C?

Inicialmente, obtém-se um ponto dado pela intersecção da vertical tirada pelos 27 °C com a horizontal a partir da resistência dada de 1 000 MΩ.

Por este ponto ($P_1$), traça-se uma paralela às retas inclinadas. Levantando-se uma vertical a partir dos 40 °C, tem-se pelo encontro desta com a reta inclinada um ponto $P_2$, que indica no eixo da resistência um valor de 400 MΩ. Notar que o eixo usado foi o valor de máximo, 10 000 MΩ.

Com estes exemplos, tem-se uma idéia mais concreta a respeito da grande influência que a temperatura exerce sobre a resistência de isolamento.

Uma importante observação se faz necessária quando as medidas são realizadas com transformadores trifásicos. Ocorre que as fórmulas fornecedoras das resistências mínimas admissíveis correspondem aos menores valores das resistências de isolamento *por fase*. Por outro lado, quando é curto-circuito, por exemplo, as três buchas de *TS*, e determinando-se a resistência de isolamento em relação à massa, estar-se-ia lendo um valor correspondente à associação em paralelo de três resistências de isolamento (uma de cada fase), portanto:

$$R_{i\,(lido)} = \frac{R_{i/fase}}{3} \qquad (8.6)$$

em que: $R_{i\,(lido)}$ é a resistência de isolamento lida com o megôhmetro e $R_{i/fase}$, a resistência de isolamento lida com o megôhmetro por fase.

De modo a comparar o valor lido com o mínimo normalizado, dever-se-ia tomar *uma* das providências a seguir:

- Multiplicar o valor lido por 3, comparando o resultado com o valor calculado; ou
- Dividir por 3 o valor de $R_i$ calculado e compará-lo com $R_{i\,(lido)}$.

Em relação à aplicação do ensaio sob consideração, pelas características do teste realizado, constata-se ser o mesmo bastante útil para a verificação de falhas de isolamento mais grosseiras, ficando a identificação dos defeitos menos pronunciados a cargo dos ensaios, tensão aplicada e tensão induzida.

Finalmente, acrescenta-se que o ensaio com o megôhmetro é utilizado em muitos casos para a verificação do comportamento do isolante com o decorrer do tempo. Para tanto, ao se efetuar a manutenção preventiva ou mesmo corretiva de um certo equipamento, anotam-se a resistência de isolamento medida e o valor do tempo decorrido entre a instalação do equipamento e as diversas manutenções ao qual foi submetido. Ao longo dos anos, têm-se na ficha de cada componente do sistema as diversas resistências e os correspondentes tempos de funcionamento. Esses elementos dão informações a respeito do comportamento do isolamento, com o decorrer do tempo, permitindo pelo traçado de uma curva $R_i = f$ (tempo de funcionamento) uma previsão de até quando o equipamento poderá permanecer em funcionamento, sob o aspecto do isolamento.

## 4. TENSÃO APLICADA

Como já se observou anteriormente, um megôhmetro com características como as desejadas nas especificações seria bastante difícil de se obter. Para que se faça uma análise real do isolamento entre os enrolamentos e entre os mesmos e a massa, necessita-se aplicar ao transformador uma tensão tal que corresponda no mínimo à nominal, a uma freqüência também nominal.

O ensaio de tensão aplicada é realizado como indica a Fig. 8.4. O conjunto a ser utilizado consistirá em uma fonte de tensão de freqüência igual à nominal do transformador, que alimenta um transformador de saída variável. A tensão de saída é graduada para um valor que está relacionado com a classe de isolamento do transformador, segundo se verifica pela terceira coluna da Tab. 9.1, do Cap. 9. No ensaio, os terminais dos enrolamentos, segundo se nota pela Fig. 8.4, são curto-circuitados e a alimentação é feita inicialmente pela *TS*, aterrando-se os terminais de baixa tensão e a massa. Na segunda fase do ensaio, a alimentação é realizada pela baixa tensão, estando a alta e a massa aterradas. Deve-se observar que as tensões são diferentes nas duas etapas do ensaio, pois os valor da tensão depende da classe de tensão do enrolamento em teste, a qual é diferente para a alta e baixa tensão.

Constata-se que, para cada fase do ensaio, os terminais do enrolamento testado estão em curto-circuito. Isso implica que todos os pontos da bobina estão ao mesmo potencial. Este fato leva à conclusão de que o ensaio em pauta permite analisar o isolamento entre as bobinas de alta tensão, baixa e a massa, sendo que o isolamento entre espiras novamente não foi verificado.

Em relação à maneira de constatar a existência ou não de defeitos, o amperímetro indicado já o detectaria, pois uma sua indicação de corrente só ocor-

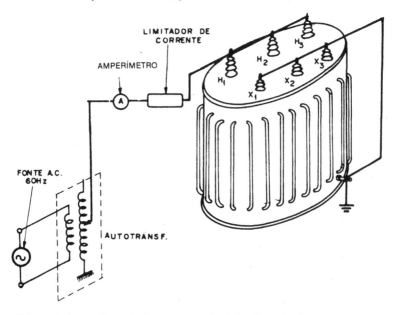

**Figura 8.4** — Montagem do conjunto para o ensaio de tensão aplicada

reria se houvesse um circuito fechado através do isolamento, conforme se nota pela Fig. 8.4.

Especifica-se que a leitura no amperímetro não deve ser superior a 1 mA, ou então que a isolação mínima entre as partes constituintes citadas deve ser de 1 000 Ω para cada 1 V de tensão aplicada. Por exemplo, em transformadores ensaiados com 10 000 V, a resistência mínima do isolamento deve ser 10 M ohms. Este critério de avaliar a resistência de isolamento é algumas vezes aplicado também a máquinas rotativas.

Em relação à duração do ensaio, verificou-se que, com 1 min., caso haja o defeito, o mesmo já se manifesta, ficando deste modo o citado valor padronizado. A freqüência deverá ser igual à nominal ou no mínimo 80% desta.

## 5. TENSÃO INDUZIDA

Como já se mencionou anteriormente, os ensaios com o megôhmetro e de tensão aplicada têm por finalidade a verificação do isolamento entre os enrolamentos de alta e baixa tensão, e entre ambas e a massa. Entretanto, é fato conhecido que poderá ocorrer defeitos de isolamento entre as próprias espiras de um enrolamento. Como se indica na Fig. 8.5, de acordo com o gradiente $\Delta V$, poderá haver o rompimento do dielétrico, desde que o isolante não o suporte.

Para a realização do ensaio, emprega-se o transformador na condição em vazio, aplicando-se entre os terminais, pelo lado da baixa, uma tensão igual ao *dobro da nominal* durante um tempo correspondente a *7 200 ciclos*. No lado da alta tensão, haverá o dobro da nominal e com isso o gradiente de potencial entre espiras também duplicaria, de tal modo que, se houver um defeito em

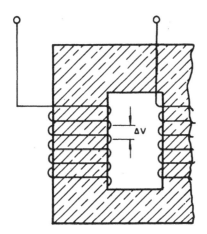

**Figura 8.5** — Ensaio de tensão induzida. Análise do isolamento entre espiras

sua isolação, o mesmo se revelaria dentro do tempo implicitamente fixado em termos do número de ciclos citado.

Uma nota importante a respeito do ensaio é que deve ser observado um valor máximo da corrente de excitação igual a 30% da corrente nominal do enrolamento ao qual se aplica a fonte. Um alto valor de corrente aqueceria o enrolamento e a temperatura afetaria o isolamento. Veja, então, como resolver o problema:

Sabe-se que o valor da tensão induzida é do tipo

$$V \cong k_1 \, B \, f \tag{8.7}$$

Conclui-se que, para dobrar a tensão, poder-se-ia dobrar $B$, porém como se mostra na Fig. 8.6, a saturação seria muito grande e, por conseqüência, a corrente de excitação seria alta. O que se faz então é aumentar a freqüência.

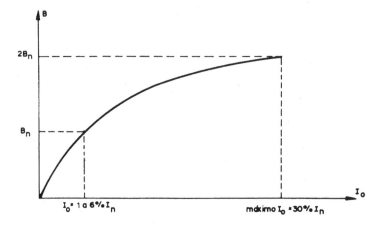

**Figura 8.6** — Obtenção do dobro da tensão nominal pelo aumento da indução magnética

Em muitos casos, o aumento chega ao dobro da freqüência nominal e, nesses casos, a indução continua igual àquela de funcionamento nominal assim como a corrente a vazio.

Conhecida a freqüência, para o cálculo da duração do ensaio, em segundos, vem:

$$T = \frac{7\,200}{f} \text{ (segundos)}$$

Que, no caso de $f = 120$ Hz, vem ser igual a 1 min.

Em relação ao esquema, é o mesmo utilizado no ensaio a vazio, e o problema da detecção de defeitos seria efetuado mais segundo a prática do encarregado do teste, sendo que as características para um defeito grosseiro seria alteração da relação de transformação, e os menores, por fumaça ou mesmo bolhas na superfície do óleo.

# capítulo 9 — Ensaio de impulso

## 1. OBJETIVO

Os transformadores deverão, por normas, suportar sem qualquer dano, durante um certo intervalo de tempo, um valor de sobretensão compatível com sua classe de tensão.

No capítulo anterior, consideraram-se alguns testes de alta tensão aos quais os transformadores serão submetidos. Neste capítulo será considerado o ensaio de impulso, quando então, além de sua interpretação, procurar-se-á discutir as ondas a serem aplicadas, valores e tempos recomendados pela ABNT, bem como os métodos e as análises dos resultados.

## 2. NATUREZA DAS SOBRETENSÕES

Os comentários realizados a seguir, embora bastante superficiais, têm por objetivo mostrar as naturezas das sobretensões, que os transformadores deverão suportar dentro de certas especificações.

Geralmente, o termo sobretensão é empregado quando ocorre um processo transitório de tensões ou corrente de níveis elevados muito acima do normal de curta duração. Tal processo poderá ser ainda periódico ou não, conforme será analisado posteriormente.

As causas das sobretensões são normalmente atribuídas a

*a) Efeitos atmosféricos*

Sem entrar em detalhes de formação e outros fatores, sabe-se que a descarga atmosférica é caracterizada por correntes da ordem de 10 a 200 kA.

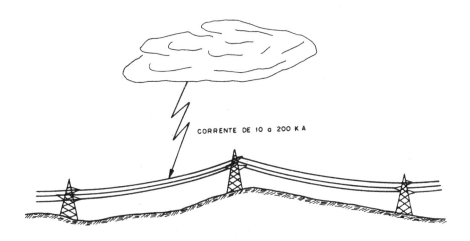

**Figura 9.1** — Incidência de uma descarga atmosférica sobre uma linha de transmissão

Com base na Fig. 9.1, quando a descarga incide sobre qualquer fase da linha, as cargas elétricas que determinam a corrente de descarga se escoam pelo condutor, seguindo a metade em um sentido e a outra parte em sentido oposto. Por exemplo, se a corrente de descarga é de 20 kA, 10 kA se propagam em um sentido e 10 kA em sentido contrário.

Sabe-se que, para a freqüência normal de operação, cada fase da linha apresenta uma certa impedância que depende de uma série de fatores, tais como: comprimento da linha, distância entre os condutores, freqüência normal de trabalho etc. Entretanto a impedância que a linha oferece a uma corrente proveniente de uma descarga atmosférica já não será a mesma.

A impedância oferecida pelos condutores da linha a esta corrente é denominada *impedância de onda* ou *impedância de surto*, e tem normalmente valor dentro da faixa de 250 a 450 ohms, para a maioria das linhas (normalmente, utiliza-se o valor de 400 ohms). Tal impedância tem uma conceituação física diferente das convencionais, em que se tem a idéia formada de uma impedância concentrada. Neste caso, a impedância é distribuída ao longo de toda a linha.

Como decorrência deste resultado, aparece o efeito de sobretensão, que pode ser mais bem entendido pela Fig. 9.2.

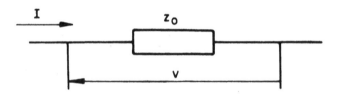

**Figura 9.2** — Aparecimento da onda de sobretensão na linha de transmissão

Quando uma corrente $I$ se estabelece mediante uma impedância de surto $Z$, tem-se a tensão $V = Z_0 I$. Daí conclui-se que o produto da impedância característica pela corrente nos dá a sobretensão esperada. Como exemplo, se a incidência é de 20 kA, a sobretensão será:

10 kA × 400 ohms = 4 000 kV

*b) Chaveamentos ou manobras*

Os problemas de abertura de disjuntor, variações de carga e outros, conduzem também a sobretensões caracterizadas por ondas que se propagam ao longo do sistema elétrico.

Estas ondas, que podem atingir valores de até cinco vezes a tensão nominal do sistema, implicam grandes solicitações, principalmente para sistemas em alta tensão, podendo em alguns casos ser mais perigosas que aquelas devido a descargas atmosféricas.

Para representar a forma dessas ondas, a tendência é a utilização de ondas semelhantes às empregadas para simular as sobretensões atmosféricas, porém com durações mais longas que as utilizadas para as descargas atmosféricas.

*c) Naturezas diversas*

Além das sobretensões acima citadas, outros tipos podem ocorrer, devido a fatores, tais como, curto-circuitos, arcos intermitentes, efeito Ferranti e outros.

Essas solicitações diferem substancialmente das analisadas nos itens *a* e *b*, pois os tipos agora' apresentados são de variação periódica, fato este que não ocorre com as ondas representativas das descargas atmosféricas e chaveamentos.

Analisando, por exemplo, o efeito Ferranti, o mesmo caracteriza uma elevação de tensão de formato de onda senoidal, que poderá durar alguns segundos.

## 3. O ENSAIO DE IMPULSO

O ensaio de impulso em transformadores visa, fundamentalmente, a verificação do isolamento de um transformador quando este é solicitado por ondas de sobretensão de origem atmosférica.

Sendo os enrolamentos submetidos a esse tipo de sobretensão, caso haja problemas de fabricação, ou de outras origens, sob o ponto de vista de isolamento, poder-se-ia ter, devido ao grande valor da tensão que aparecerá, o rompimento do isolamento entre espiras de uma bobina ou entre espiras do enrolamento de alta e baixa tensão. Como se sabe, tais enrolamentos estão superpostos um ao outro em uma mesma coluna do núcleo de um transformador trifásico.

Para a realização do ensaio em laboratório, procurou-se experimentalmente, determinar o formato da onda de uma descarga que, segundo medições experimentais, corresponde aproximadamente à Fig. 9.3*a*. Para sua produção, utiliza-se um *gerador de impulsos*, que nada mais é que um circuito contendo condensadores e resistências, de tal modo que a descarga dos condensadores forneça a onda desejada, sendo que seu valor de crista (definido posteriormente) pode ser controlado pela carga dos capacitores.

Na Fig. 9.3*b* indica-se que a descarga atmosférica, incidindo sobre uma linha, divide-se em duas partes, originando duas ondas de sobretensões que se propagam em sentidos opostos. É interessante observar o sentido da onda incidindo sobre o transformador.

A onda mais satisfatória para apresentar à descarga atmosférica é padronizada pela ABNT. Vale ainda dizer que tal onda poderá ser ( + ) ou ( − ), ou seja, com os valores de *V* positivos ou negativos em relação ao eixo de referência.

Naturalmente, para uma perfeita padronização da onda, devem-se definir algumas características para a citada onda de impulso, pois, tendo-se apenas o formato, poder-se-ia realizá-la de diversos modos. As características que determinam a onda são apresentadas a seguir.

*a) Valor de crista*

Seria o maior valor de tensão para a onda. Seu valor é padronizado para cada classe de tensão, segundo pode ser constatado na segunda coluna da Tab. 9.1.

#### 104 *Transformadores teoria e ensaios*

**Tabela 9.1** — Valores para ensaios dielétricos em transformadores com líquido isolante

| Classe de tensão de isolamento nominal (kV) | Nível de impulso (NI) kV (crista) | Ensaios com freqüência industrial durante 1 min. (valor eficaz, em kV) | Ensaios de impulso (valor de crista) | | com onda plena kV |
|---|---|---|---|---|---|
| | | | com onda cortada | | |
| | | | kV | Tempo mínimo de corte ($\mu_i$) | kV |
| (1) | (2) | (3) | (4) | (5) | (6) |
| 0,6 | — | 4 | — | — | — |
| 1,2 | 30 | 10 | 36 | 1,0 | 30 |
| 5 | 60 | 19 | 69 | 1,5 | 60 |
| 8,7 | 75 | 26 | 88 | 1,6 | 75 |
| 15-B | 95 | 34 | 110 | 1,8 | 95 |
| 15 | 110 | 34 | 130 | 2,0 | 110 |
| 25 | 150 | 50 | 175 | 3,0 | 150 |
| 34,5 | 200 | 70 | 230 | 3,0 | 200 |
| 46 | 250 | 95 | 200 | 3,0 | 250 |
| 69 | 350 | 140 | 400 | 3,0 | 350 |
| 92 | 450 | 185 | 520 | 3,0 | 450 |
| 138-B | 550 | 230 | 630 | 3,0 | 550 |
| 138 | 650 | 275 | 750 | 3,0 | 650 |
| 161-B | 650 | 275 | 750 | 3,0 | 650 |
| 161 | 750 | 325 | 865 | 3,0 | 750 |
| 230-B2 | 825 | 360 | 950 | 3,0 | 825 |
| 230-B1 | 900 | 395 | 1 035 | 3,0 | 900 |
| 230 | 1 050 | 460 | 1 210 | 3,0 | 1 050 |
| 345-B2 | 1 175 | 510 | 1 350 | 3,0 | 1·175 |
| 345-B1 | 1 300 | 570 | 1 500 | 3,0 | 1 300 |
| 345 | 1 425 | 630 | 1 640 | 3,0 | 1 425 |
| 440-B2 | 1 425 | 630 | 1 640 | 3,0 | 1 425 |
| 440-B1 | 1 550 | 680 | 1 785 | 3,0 | 1 550 |
| 440 | 1 675 | 740 | 1 925 | 3,0 | 1 675 |

## OBSERVAÇÕES:

1. A classe 15-B (com NI reduzido) pode ser usada em transformadores projetados para sistemas de distribuição secundária.

2. B — Nível de isolamento baixo permitido por esta especificação.

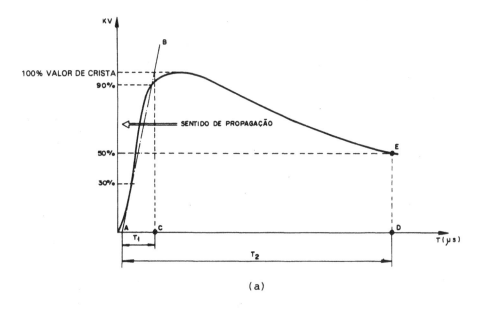

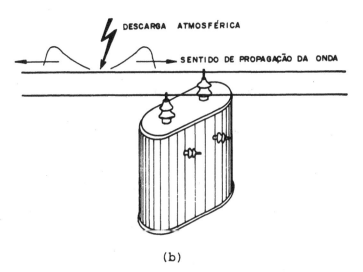

**Figura 9.3** — A onda de sobretensão: a) normalização da onda, b) sentido de propagação da onda

*b) Tempo de subida*

Tomando-se um valor de 30% na frente de onda e outro de 90% na mesma, traça-se um segmento de reta $AB$, como mostra a Fig. 9.3a. No ponto de intersecção da reta $AB$ com uma paralela ao eixo dos tempos, tirada pelos 100%, baixa-se uma perpendicular ao eixo dos tempos. A intersecção da perpendicular com o eixo dos tempos origina o ponto *C*. Define-se como tempo de subida ($T_1$) o segmento *AC*.

*c) Tempo de descida*

Traça-se uma paralela ao eixo dos tempos, tirada pelos 50% da tensão de crista, até encontrar a cauda da onda num ponto *E*. Por esse ponto tira-se uma perpendicular ao eixo dos tempos ao ponto de interseção chamado de *D*; define-se o tempo de descida ($T_2$) ao segmento *AD*.

Com a finalidade de padronizar os tempos $T_1$ e $T_2$, acima definidos, a ABNT fixou-os, respectivamente, em 1,2 μs e 50 μs, sendo admissíveis erros de até 30%.

É comum apresentar esses valores pela relação:

$$\frac{T_1}{T_2} = \frac{1,2}{50} \left( \frac{\mu s}{\mu s} \right)$$

Deve-se, entretanto, atentar para o fato de que isso é só uma representação! (Não se pode tomar, por exemplo, $T_1$ = 0,6 e $T_2$ = 25 μs.)

## 4. LIGAÇÃO DOS TRANSFORMADORES

De modo geral, o *ensaio de impulso deve ser efetuado em todos os enrolamentos do transformador*, sendo que, ao se aplicar a onda a um dos terminais, recomenda-se que os demais sejam aterrados, diretamente ou por meio de resistores especiais. O enrolamento em ensaio também deverá ter um de seus terminais aterrado, estando o outro ligado ao gerador de impulso.

O esquema para a aplicação do ensaio de impulso num transformador triângulo/estrela, por exemplo, seria o indicado na Fig. 9.4.

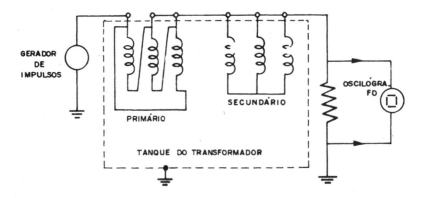

**Figura 9.4** — Esquema de ensaio para aplicação da onda de impulso

Desejando-se registrar a onda de corrente, utiliza-se o oscilógrafo mostrado na Fig. 9.4. A onda de impulso será registrada após o percurso pelos enrolamentos. Por sua análise, pode-se verificar o estado de isolamento do transformador.

## 5. ONDAS A SEREM APLICADAS

Até agora, a preocupação foi com o problema da normalização e da montagem do esquema a ser empregado para o teste. Neste item, introduzem-se as ondas a ser aplicadas.

*a) Ondas reduzidas*

Ao se ensaiar um transformador, pode-se prever a existência de defeitos de isolamento, em maior ou menor escala. Assim, com o propósito de não danificar totalmente o transformador, caso existam defeitos mais grosseiros, as normas recomendam que a primeira onda a ser aplicada deverá ter o formato anteriormente apresentado, porém com um valor de crista correspondente à faixa de 50% a 60% do estipulado para a classe de tensão a ser testada. Esta onda não solicita tanto o transformador (devido ao valor da tensão reduzida), entretanto, desde que houvesse defeitos acentuados no isolamento, estes seriam evidenciados. A Fig. 9.5 ilustra a forma da onda reduzida.

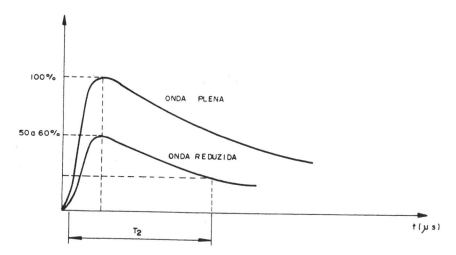

**Figura 9.5** — Primeira onda aplicada, reduzida, utilizada para a verificação de defeitos acentuados e do tempo $T_2$

Um outro problema que pode ocorrer refere-se aos valores dos tempos $T_1$ e $T_2$. A preocupação refere-se a eventuais alterações desses valores. Sendo o transformador colocado em série com o circuito do gerador de impulsos, o mesmo pode afetar na forma das ondas, através de uma alteração dos parâmetros do circuito formado, pois, principalmente nos instantes iniciais, destaca-se o efeito capacitivo do transformador.

De posse do oscilograma referente à primeira onda aplicada, pode-se facilmente obter o tempo $T_2$, determinando-o de acordo com sua definição. A determinação de $T_1$ pelo mesmo oscilograma, empregado para o cálculo de $T_2$, é praticável devido à pequena precisão que oferece. É interessante lembrar enquanto $T_2$ é da ordem de 50 $\mu s$, $T_1$ será da ordem de 1,2 $\mu s$.

Com o propósito de se calcular o tempo de subida, aplica-se uma outra onda reduzida, registrando seu formato com um registro que tem a escala de tempo bastante ampliada. Esta onda é representada na Fig. 9.6.

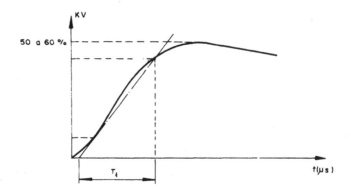

**Figura 9.6** — Segunda onda aplicada, reduzida, utilizada para a determinação do tempo $T_1$

*b) Ondas cortadas*

É comum uma onda de sobretensão do tipo convencional sofrer bruscos cortes devidos à atuação de pára-raios, centelhadores ou mesmo descargas nos isoladores dos transformadores. A onda resultante, que muito solicitará o isolamento, teria um formato do tipo indicado na Fig. 9.7, onde se notam duas características importantes.

1.ª) A onda cortada é proveniente de uma onda de impulso normal, que apresenta um valor de crista da ordem de 110% a 115% do indicado pela Tab. 9.1.

2.ª) O corte pode ser realizado na frente, na crista ou na cauda da onda. Entretanto, o corte é efetuado para um tempo logo acima daquele para o qual ocorre a tensão de crista. Denomina-se este tempo por *tempo de corte* ($T_c$). O tempo de corte é mostrado na Fig. 9.7. Deve-se observar que a origem não foi marcada segundo o critério estabelecido anteriormente para os tempos $T_1$ e $T_2$.

Na Fig. 9.7, indica-se ainda que se devem aplicar duas ondas cortadas. Isso se deve ao fato de se aplicar sempre uma segunda onda cortada, após a primeira, verificando em seguida se a primeira não alterou o transformador, comparando, por exemplo, os oscilogramas obtidos nos dois casos.

A respeito do equipamento necessário para efetuar o corte, um centelhador comum o conseguiria tão logo percebesse o valor de tensão para o qual foi calibrado, portanto na frente de onda. Usando-se um *Trigatron*, é possível a realização do corte em um tempo qualquer desejado. Conseqüentemente, caso interesse na cauda da onda, o que é desejado para transformadores acima de 15 kV, conseguem-se valores de $T_c$ situados entre 1,8 a 3 µs. Para a determinação de $T_c$ para diferentes níveis de tensão de transformador, basta observar a quinta coluna da Tab. 9.1.

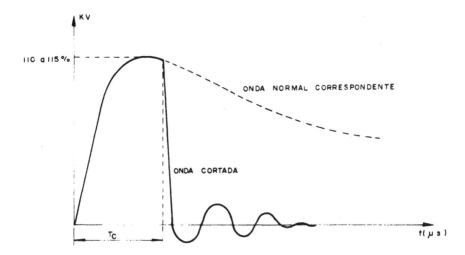

**Figura 9.7** — Terceira e quarta ondas aplicadas: cortadas

*d) Onda plena*

Em continuação ao ensaio, aplica-se ao transformador uma onda plena semelhante à primeira, porém com o valor de crista de 100% do estipulado para a classe de tensão do transformador sob ensaio.

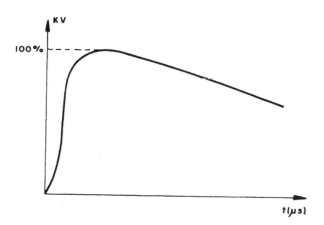

**Figura 9.8** — Quinta onda aplicada: plena

*e) Onda reduzida*

Como sexta e última onda aplicada, tem-se outra reduzida, cujo objetivo seria o da comparação do oscilograma correspondente com aquele obtido no início do teste. Esta análise permitiria afirmar se o transformador não foi danificado com os testes.

**110**   *Transformadores teoria e ensaios*

## 6. ANÁLISE DOS DEFEITOS

Quando em grande escala, os defeitos poderão evidenciar-se segundo características perceptíveis a qualquer elemento que esteja realizando o ensaio. Entretanto, com pequenos defeitos, o problema se torna mais sério, sendo que poderão ser identificados pelos formatos das ondas de tensão e corrente que deverão ser registrados e analisados por um especialista. Caso se tenham resultados do ensaio com um bom transformador, pode-se chegar a uma conclusão por comparação das fotos do ensaiado e do conhecido. *A análise mais grosseira é feita na onda de tensão e a mais refinada, na onda de corrente.*

## 7. EXEMPLO DE VALORES DE ONDAS A SEREM APLICADAS NO ENSAIO EM UM TRANSFORMADOR DE 15 kV-B

*1) Tempo da frente e cauda das ondas posteriores*

a) $T_1 = 1,2 \ \mu s$

b) $T_2 = 50 \ \mu s$

*2) Onda reduzida — Aplicar duas*

Crista $= 60 \ kV$

*3) Onda cortada — Aplicar duas*

Crista $= 110 \ kV$

Tempo corte $= 2 \ \mu s$

*4) Onda plena — Aplicar uma*

Crista $= 95 \ kV$

*5) Onda reduzida — Aplicar uma*

Idêntica à primeira.

# capítulo 10 — Introdução ao fenômeno de harmônicos

## 1. OBJETIVO

Dos diversos tipos de componentes elétricos que podem levar à geração de harmônicos em um sistema elétrico citar-se-iam: transformadores, geradores, motores, conversores estáticos etc. Embora este capítulo tenha por objetivo a análise da geração harmônica por transformadores, os princípios aqui apresentados não são exclusivos para os transformadores e muitos conceitos podem ser também aplicados para outros componentes elétricos.

O aparecimento de harmônicos em transformadores deve-se à relação não-linear existente entre o fluxo magnético e a corrente de excitação. Assim, operar um transformador na região mais linear, é uma boa medida para a redução dos níveis harmônicos.

Em termos das conseqüências causadas pelos harmônicos, o primeiro fenômeno observado foi que, quando linhas de transmissão eram colocadas próximas às de linhas de comunicação, estas sofriam interferências das primeiras. Concluiu-se então que algumas linhas de transmissão apresentavam ondas de freqüência superior a 60 Hz, visto ser conhecido que ondas fundamentais não interferem em circuitos de comunicação. Entre essas ondas, encontra-se uma de freqüência igual a três vezes a freqüência da fundamental, portanto de 180 Hz, que são das mais problemáticas. O efeito predominante dessas correntes não se baseia unicamente em sua freqüência, mas também no fato que o 3º harmônico e seus múltiplos ímpares caracterizam um sistema trifásico de seqüência nula, isto é, as correntes de 3º harmônico estão em fase nas três linhas do sistema trifásico. O efeito da interferência pode ser entendido observando a Fig. 10.1.

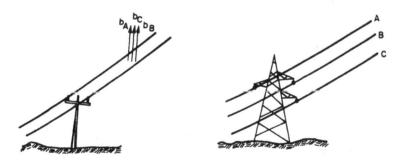

**Figura 10.1 —** Interferência entre uma linha de potência e outra de comunicação

Supondo-se o sistema $ABC$ trifásico equilibrado e a distância entre o sistema de transmissão e o de comunicação razoavelmente grande, tem-se que o campo magnético criado pelas ondas fundamentais será nulo, pois existirão três campos defasados de 120° elétricos.

O campo devido às ondas de 180 Hz será a soma dos campos criados por cada uma das fases e terá amplitude tripla, visto estarem em fase entre si. Dessa forma será induzida na linha de comunicação uma fem de 3º harmônico (e seus múltiplos), que irá interferir no circuito de comunicação. Esta interferência se faz sentir de dois modos: ruídos nos receptores e indução de tensões, algumas vezes perigosas.

Notou-se também que, para certos transformadores, as tensões que ficavam sujeitas às fases (fase neutro) eram maiores que as esperadas, causando problemas de isolamento nos enrolamentos. Este e outros problemas serão discutidos a seguir.

## 2. GERAÇÃO DOS COMPONENTES HARMÔNICOS

Para analisar a geração de harmônicos por um transformador, a Fig. 10.2 indica seu funcionamento a vazio.

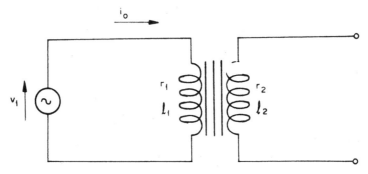

**Figura 10.2** — Transformador monofásico operando a vazio

Para o circuito do primário, pode-se escrever, para um determinado instante:

$$v_1 = r_1 i_0 + \ell_1 \frac{dio}{dt} + N_1 \frac{d\phi}{dt} \qquad (10.1)$$

em que: $v_1$ é a tensão instantânea aplicada ao primário, admitida senoidal; $i_0$, a corrente instantânea a vazio, responsável pelo fluxo $\phi$; $r_1 i_0$, a queda de tensão na resistência própria do enrolamento primário;

$\ell_1 \dfrac{dio}{dt}$ , a queda de tensão devido ao efeito do fluxo de dispersão; e

$N_1 \dfrac{d\phi}{dt} = e_1$ a fcem instantânea induzida pelo fluxo principal.

Para o secundário, tem-se:

$$e_2 = N_2 \frac{d\phi}{dt} \tag{10.2}$$

Sabe-se que o fluxo $\phi$ é criado pela corrente $i_0$ (mais especificamente por $i_q$) e que essas grandezas não estão linearmente relacionadas. A relação entre $\phi$ e $i_0$ é representada na Fig. 10.3.

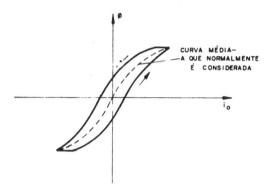

**Figura 10.3** — Relação $\phi = f(i_0)$

Das considerações acima e da Eq. (10.1) podem-se concluir os aspectos das ondas de corrente e de fluxo. Isso é feito tomando-se ou não em conta alguns termos da referida expressão, como será visto a seguir.

*1.º Caso:* Considerando a não-linearidade do circuito magnético, e que na expressão (10.1) não se pode desprezar o termo $r_1 i_0 + \ell_1 \frac{di_0}{dt}$, a solução tornar-se-ia um tanto complexa, sendo possível chegar a uma conclusão apenas experimentalmente ou através de métodos numéricos.

Sabendo-se que $v_1$ é senoidal, só duas considerações poderiam ser feitas:

*a)* Como $v_1 = (r_1 i_0 + \ell_1 \frac{di_0}{dt}) + e_1$, dever-se-ia ter o termo $r_1 i_0 + \ell_1 \frac{di_0}{dt}$ senoidal, assim como o termo $e_1$. Como *não há uma linearidade entre* $\phi$ e $i_0$, e $e_1 =$
$= N_1 \frac{d\phi}{dt}$, *esta consideração torna-se impossível*.

*b)* Sendo $v_1 = r_1 i_0 + \ell_1 \frac{di_0}{dt} + e_1$ e $e_1 = N_1 \frac{d\phi}{dt}$ dever-se-ia ter $i_0$ e $e_1$ não-senoidais, para satisfazer à condição de $v_1$ ser senoidal. Esta é a condição válida para o problema em análise e ilustrado na Fig. 10.4.

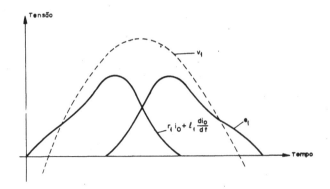

**Figura 10.4** — Curvas de $v_1$, $e_1$ e $r_1 i_0 + \ell_1 \dfrac{dio}{dt}$ para um transformador no qual se consideram todas as grandezas na expressão de $v_1$

*2.º Caso:* Um segundo caso a se analisar seria o de se ter um transformador tal que:

$$(r_1 i_0 + \ell_1 \frac{dio}{dt}) \gg e_1 \tag{10.3}$$

Para esta situação, a Eq. (10.1) ficará resumida a $v_1 = r_1 i_0 + \ell_1 \dfrac{dio}{dt}$, de modo que, para $v_1$ senoidal, a solução dessa expressão fornece uma forma senoidal para $i_0$. Uma vez que existe a não-linearidade entre $\phi$ e $i_0$, desde que $i_0$ seja senoidal, *forçosamente* o fluxo $\phi$ apresentará um aspecto distorcido.

*3.º Caso:* Em termos de transformadores de potência e distribuição, o caso que realmente seria encontrado corresponderia àquele para o qual a parcela a ser desprezada seria $r_1 i_0 + \ell_1 \dfrac{dio}{dt}$ em relação a $e_1$, ficando como resultado:

$$e_1 = v_1$$

De modo que, sendo $v_1$ senoidal, também o será $e_1$. Como $e_1$ é a derivada do fluxo em relação ao tempo, sendo $e_1$ uma senoide, também o fluxo o será, lembrando-se, entretanto, de que há um defasamento entre suas ondas de um ângulo igual a 90°.

Neste último caso, devido ao aspecto do ciclo de histerese para a maioria dos materiais magnéticos, a forma da corrente de excitação não será senoidal quando a do fluxo assim o for. Na Fig. 10.5, podem se ver as formas da tensão senoidal induzida no secundário aberto e o da corrente de excitação.

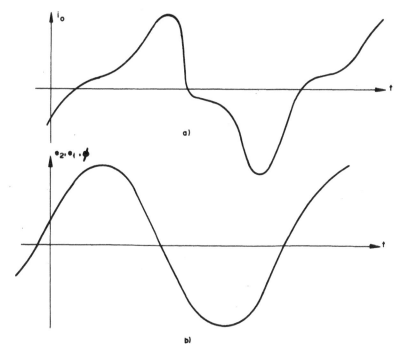

**Figura 10.5** — Corrente a vazio, fem e fcem para o caso de considerar $e_1 \gg (r_1 i_0 + \ell_1 \frac{dio}{dt})$
a) corrente a vazio; e b) fluxo $\emptyset$, fem e fcem

Assim, quando for importante considerar a forma de onda da corrente e excitação, por exemplo, em transformadores para comunicação, ou mesmo para os transformadores de potência, devido ao importante efeito de interferência indutiva entre as linhas de potência vizinhas às de comunicações, o desenvolvimento em série de Fourier levará a concluir os diversos harmônicos da onda não-senoidal, que, no caso particular da simetria inversa, fornece apenas componentes de ordem ímpar. Como resultado desta análise, conclui-se que a corrente de magnetização possuirá, além de um componente de freqüência fundamental, harmônicos ímpares. Destes, um dos mais importantes é o terceiro, que possui um valor da ordem de 30% a 40% do componente fundamental.

### 3. TRANSFORMADORES TRIFÁSICOS

Inicialmente, não haverá preocupação com a possibilidade ou não da existência dos harmônicos, de acordo com o núcleo magnético dos transformadores. A análise será limitada à conexão dos enrolamentos primário e secundário, e sua influência no contexto dos harmônicos.

Um estudo com todos os tipos de conexões e núcleos é complexo e longo, e tornar-se-ia praticamente impossível fazê-lo neste texto. Entretanto alguns casos serão analisados e servirão como base para o estudo de outros casos.

### 3.1. Primário conectado em triângulo

Vamos supor três transformadores monofásicos, como os mostrados na Fig. 10.6, perfazendo um banco trifásico, e que inicialmente apenas o primário esteja ligado em triângulo, estando os secundários em circuito aberto e não conectados entre si. Se os transformadores são iguais e as tensões de linha, simétricas, as formas das ondas das correntes de excitação dos transformadores serão iguais em amplitude, porém defasadas de 120°

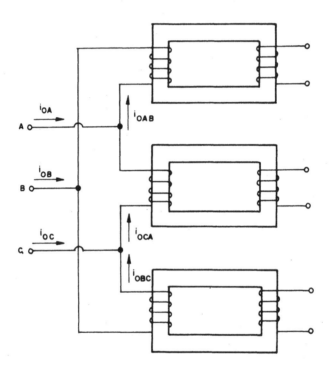

**Figura 10.6** — Banco de transformadores monofásicos com primário em Δ

Se as tensões de linha variam senoidalmente, as formas das correntes correspondentes (nas fases) serão como as indicadas na Fig. 10.5. Assim, $i_{0AB}$ e $i_{0CA}$ teriam as formas indicadas na Fig. 10.7. Para a corrente de linha tem-se:

$$i_{0A} = i_{0AB} - i_{0CA} \qquad (10.4)$$

A composição das duas correntes de fase é apresentada pela onda com os dois picos. Observa-se que a forma de $i_{0A}$ é diferente das duas que as compõem.

Tanto as ondas das correntes na fase como na linha (não-senoidais) podem ser decompostas pela série trigonométrica de Fourier. A análise matemá-

*Introdução ao Fenômeno de Harmônicos*  117

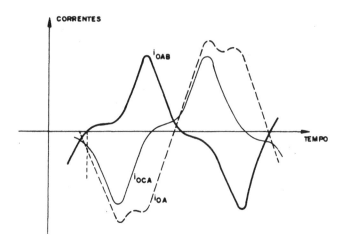

**Figura 10.7** — Formato das correntes na fase ($i_{OAB}$ e $i_{OCA}$) e corrente na linha ($i_{OA}$)

tica das ondas leva a concluir que, para as correntes na fase, têm-se todos os *harmônicos de ordem ímpar,* ao passo que a correspondente corrente de excitação na linha não apresenta, por exemplo, o 3º harmônico, bem como seus múltiplos.

Seja, inicialmente, os terceiros harmônicos das correntes no triângulo. As três correntes de fase ($i_{OAB}$, $i_{OBC}$ e $i_{OCA}$) estão defasadas de 120° entre si. Por método gráfico ou analítico, verifica-se que os terceiros harmônicos correspondentes estão em concordância de fase. Para as ondas fundamentais e de terceiros harmônicos, poder-se-iam traçar os seguintes diagramas fasoriais.

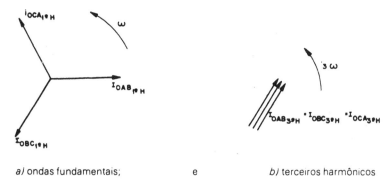

a) ondas fundamentais;   e   b) terceiros harmônicos

**Figura 10.8** — Diagrama fasorial para as duas primeiras componentes de $i_0 = f(t)$: a) ondas fundamentais; e b) terceiros harmônicos

Da Fig. 10.9 constata-se que não existe a corrente de 3º *harmônico de linha,* pois, considerando a primeira lei de Kirchhoff aplicada ao vértice do triângulo, conclui-se que a corrente de linha dada pela soma das correntes que chegam e saem do nó é igual a zero. Para se chegar a tal resultado basta lembrar que as correntes de 3? harmônico estão em fase e possuem o mesmo módulo, originando, portanto, uma única corrente de malha.

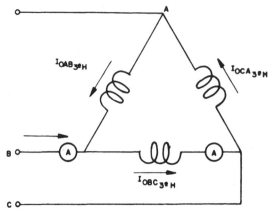

**Figura 10.9** — Circuito para os componentes de 3.º harmônico

Utilizando o mesmo raciocínio, pode-se concluir que todos os harmônicos ímpares de ordem múltipla do terceiro (nono etc.) se comportam analogamente ao terceiro. Acontece que tais componentes apresentam amplitude bem menor, fato este que faz com que haja maior preocupação com o terceiro. Note-se que um amperímetro colocado na fase faria uma leitura de uma corrente eficaz, na qual entrariam os primeiro, terceiro, quinto e sétimo componentes. Caso todos esses componentes tivessem correspondência na linha, um amperímetro ali colocado acusaria a leitura anterior multiplicada por $\sqrt{3}$, entretanto, como foi analisado, alguns dos componentes não possuem correspondência na linha. Com base nessas considerações, tem-se a relação abaixo para as correntes eficazes de linha e na fase.

$$I_{0L} < \sqrt{3}\, I_{0f} \tag{10.5}$$

Seja agora a análise das conexões do secundário:

**a) Estrela (com neutro isolado)**

Os componentes de 3? harmônico das correntes de excitação dos enrolamentos primários conectados em triângulo originam um pequeno 3? harmônico de fluxo.

Note-se que o fluxo de 3? harmônico corresponde a aproximadamente 0,1% do nominal, portanto a deformação do fluxo, de modo a produzir a citada componente, será tão pequena que poderia até mesmo ser desprezada. Verifica-se que dessa maneira, apresentando o fluxo uma pequena deformação, no secundário será induzida uma tensão que possuirá componentes de freqüência tripla em relação à fundamental, que analogamente ao caso das correntes estarão em concordância de fase.

Se o secundário é conectado em estrela com o neutro isolado; em cada fase, pelo motivo acima exposto, haverá pequenas tensões de 3? harmônico entre fase e neutro. Lembrando o motivo da não existência de terceiros harmônicos de corrente na linha (do primário) conclui-se que também *as tensões na linha não apresentam terceiros harmônicos*. Para a verificação dessa afirmativa, observe a Fig. 10.10, onde se indica para o secundário as tensões induzidas de *3º harmônico*. A tensão fundamental, embora exista, não foi representada por ser desnecessária nesta análise. Foram ainda indicados por linhas tracejadas o primário e o secundário de um mesmo transformador monofásico.

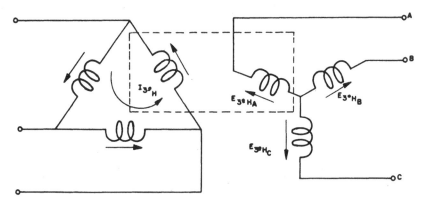

**Figura 10.10** — Esquema mostrando correntes (primário) e tensões (secundário) de 3º harmônico para o transformador $\Delta$ -Y

Facilmente, conclui-se que entre fase e neutro existem tensões de 3º harmônico, porém na linha tal não ocorre, pois, aplicando $E_{3°H_{AB}} = E_{3°H_A} - E_{3°H_B}$, tem-se como resultado:

$$\dot{E}_{3°H_{AB}} = 0$$

pois os fasores possuem mesmos módulos e estão em fase.

Este fato leva a concluir que existem algumas tensões (3º harmônico e seus múltiplos) que se manifestam entre fase e neutro, porém não têm correspondência entrefases. Em consequência, a tensão existente entre fase e neutro será maior que a tensão na linha dividida por $\sqrt{3}$. Entretanto, como a distorção do fluxo foi tão pequena, as tensões $E_{3°H_A}$, $E_{3°H_B}$ e $E_{3°H_C}$ serão tão pequenas que poderão ser desprezadas. Esta análise se fez necessária pois, quando do estudo sob outras situações que envolvam grandes distorções do fluxo, o efeito se manifestará em grande intensidade.

**b) Estrela aterrada**

Considerando o problema da estrela aterrada, o efeito será o mesmo, sendo que a única diferença entre a estrela aterrada ou não estaria em termos de um circuito elétrico para as correntes de 3º harmônico e seus múltiplos.

Isso é importante pois, conforme foi exposto, o grande inconveniente das citadas correntes é a interferência com outras linhas. Para o estudo da possibilidade da existência de correntes de 3º harmônico e seus múltiplos ímpares, no circuito secundário, tem-se a Fig. 10.11.

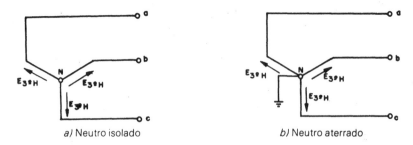

**Figura 10.11** — Influência do aterramento do neutro

No caso *a*, a *única malha* formada seria obtida por um circuito entre fases, e, como as tensões de 3? harmônico estão em fase, *não haverá uma correspondente tensão resultante,* impossibilitando a corrente procurada. Já para o caso *b*, tem-se, além da referida malha, um circuito da fase para a terra. Portanto, *considerando unicamente a conexão do transformador,* conclui-se que o caso *b* permitiria a circulação de corrente de 3? harmônico e seus múltiplos pelo secundário do transformador.

Ainda, de modo a concluir sobre a existência da corrente secundária do 3? harmônico do caso *b*, dever-se-ia efetuar ainda um comentário sobre a carga conectada. Para tanto, seja a Fig. 10.12.

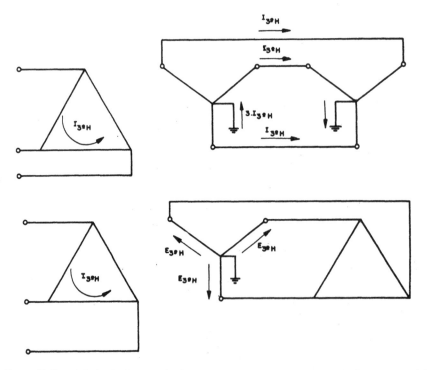

**Figura 10.12** — Influência da conexão da carga: a) carga em estrela aterrada; b) carga em delta

Para o caso da Fig. 10.12a, a carga estabelece um circuito para a corrente de 3º harmônico. Para o caso da carga em delta, tal já não ocorre.

### c) Triângulo

Anteriormente, foi visto que no secundário tinham-se nas três fases, além das outras componentes, também tensões de 3º harmônico que, conforme se sabe, estão em fase.

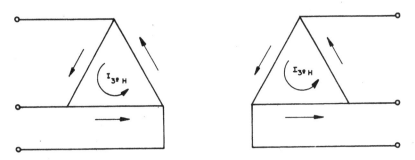

**Figura 10.13** — Enrolamentos primário e secundário ligados em triângulo

Da Fig. 10.13 observam-se facilmente circuitos estabelecidos pelo triângulos. Como resultado, uma pequena corrente de 3º harmônico (a distorção do fluxo como se disse é mínima) estabelece-se também nas fases do enrolamento secundário. Esta corrente de 3º harmônico no secundário, segundo foi mostrado, não sai do delta. Neste caso, devido à circulação das correntes de 3º harmônico, havia também uma diminuição das tensões de 3º harmônico.

Com a conexão do secundário em triângulo, tem-se, pois, um circuito interno, que possibilita a circulação de correntes de 3º harmônico, cuja vantagem é diminuir a tensão de 3º harmônico. Por outro lado, o inconveniente da interferência não existirá, visto que não haverá percurso de $I_{3ºH}$ e seus múltiplos na linha.

### 3.2. Outros tipos de conexões de núcleos

As análises realizadas no item precedente restringiram-se à conexão triângulo para o enrolamento primário e o transformador trifásico foi formado pela associação de três transformadores monofásicos. Esta última consideração resulta que as três fases possuem circuitos magnéticos independentes. Os conceitos apresentados aqui constituem as bases fundamentais para o entendimento do problema da geração de harmônicos por transformadores. Por certo, o assunto não foi esgotado aqui e muitos estudos se fazem ainda necessários para a apresentação de todas as variáveis que influenciariam o fenômeno em questão. Por exemplo, ao se considerar um transformador trifásico com núcleo de três ou de cinco colunas, diferenças substanciais ocorrem nos resultados obtidos. A existência de um enrolamento primário aterrado, conectado em estrela, estrela isolada assim como do tipo de conexão do gerador que alimenta o transformador são fatores que determinam a existência e a ordem dos harmônicos de corrente e fluxo.

# capítulo 11 — Ensaio a vazio e em curto de transformadores de três circuitos

## 1. OBJETIVO

Com freqüência, encontra-se em centrais geradores e em subestações, o problema de uma transmissão de energia a várias tensões, que poderia ser resolvido com o uso de vários transformadores de relações de transformação diferentes. Visando sobretudo ao aspecto econômico, resolve-se o problema com o uso de um só tranformador, porém constituído de um número de circuitos superior a dois. Se, por exemplo, a tensão gerada for de 13,8 kV, pode-se ter uma saída de 138 kV e outra de 230 kV.

Uma outra grande vantagem do uso de transformadores de três circuitos, consiste na existência de um terciário em triângulo, que, conforme se sabe, é um dos métodos para a diminuição dos harmônicos. O circuito terciário pode ainda ser empregado para o serviço auxiliar de subestações.

Devido ao amplo uso em sistemas elétricos, bem como das vantagens apresentadas pelos transformadores de três circuitos, será efetuada uma rápida análise teórica sobre o assunto e, em seguida, discutem-se os ensaios para a determinação dos parâmetros de seu circuito equivalente.

Deixa-se bem claro que o estudo a ser realizado terá como intuito uma introdução ao conhecimento das características de um transformador de três circuitos.

Outro fator a ser considerado é que os desenvolvimentos serão feitos para um transformador monofásico de três circuitos, porém os resultados podem ser facilmente estendidos para os trifásicos.

## 2. O TRANSFORMADOR DE TRÊS CIRCUITOS

A Fig. 11.1 mostra a representação unifilar do transformador de três circuitos.

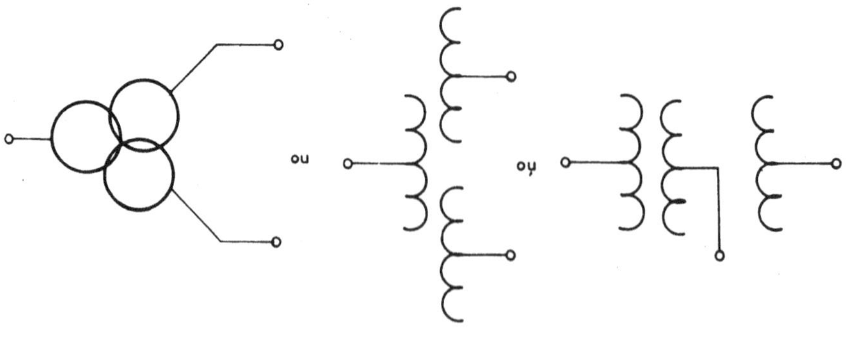

**Figura 11.1 —** Representação unifilar para transformadores de três circuitos

Comparando os transformadores de dois circuitos com os de três, sabe-se que para os primeiros, apesar das perdas internas, pode-se admitir com relativa precisão serem as potências de entrada e saída iguais. Partindo dessa consideração pode-se estabelecer que, *para transformadores de dois circuitos, as potências fornecidas ao primário e entregues ao secundário, são praticamente iguais.*

Considerando agora o de três circuitos, uma potência é fornecida ao primário, que por sua vez é transferida para os circuitos secundário e terciário. Em conseqüência disto, pode-se dizer: *para transformadores de três circuitos, a potência fornecida ao primário corresponde aproximadamente à soma fasorial das potências entregues pelo secundário e terciário.*

## 3. CIRCUITO EQUIVALENTE DO TRANSFORMADOR DE DOIS CIRCUITOS

Antes de se entrar diretamente no circuito equivalente de um transformador de três circuitos sejam algumas considerações a respeito daquele referente aos transformadores de dois.

Sabe-se que o ensaio em curto-circuito tem por objetivo a determinação de impedâncias, reatâncias e resistências expressas em ohm ou em valor percentual. Esses parâmetros, conforme se conhece, representam um efeito combinado do primário e secundário, permitindo um tratamento de um transformador por um circuito equivalente, tal como se indica na Fig. 11.2.

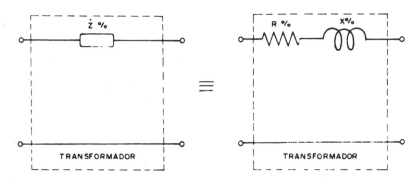

**Figura 11.2** — Circuito equivalente de um transformador de dois circuitos

Como já se sabe, $Z\%$ corresponde à impedância equivalente do transformador e estariam reunidas *em série uma impedância percentual própria do enrolamento primário* ($z_1\%$) *e uma impedância percentual do enrolamento secundário* ($z_2\%$), *em que* os índices 1 e 2 não indicam uma impedância percentual equivalente referida ao primário ou secundário, mas, sim, parcelas de $Z\%$ correspondentes aos citados enrolamentos do transformador. Portanto é válido escrever:

$$\dot{Z}\% = \dot{z}_1\% + \dot{z}_2\% \tag{11.1}$$

Na Fig. 11.3 indica-se essa decomposição.

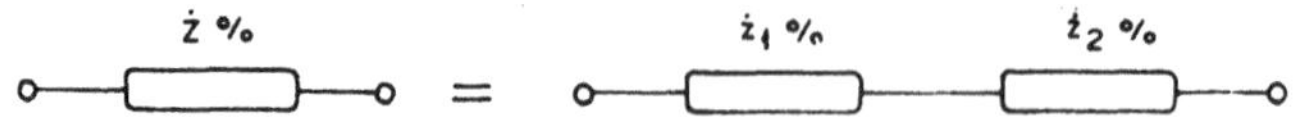

**124** *Transformadores teoria e ensaios*

$$\dot{z}\% \qquad = \qquad \dot{z}_1\% \qquad \dot{z}_2\%$$

**Figura 11.3** — Substituição da impedância equivalente de um transformador pela composição das impedâncias próprias dos enrolamentos primário e secundário

Pode-se usar um outro método para se chegar ao resultado anterior, para tanto seja a expressão da impedância percentual, por exemplo, usando a impedância em ohm referida ao primário:

$$\dot{Z}\% = \frac{\dot{Z}_1\, I_{1n}}{V_{1n}}\, 100 \qquad\qquad (11.2)$$

Sabe-se que:

$$\dot{Z}_1 = R_1 + jx_1 = (r_1 + r_2') + j(x_1 + x_2')$$

$$= (r_1 + jx_1) + (r_2' + jx_2') = \dot{z}_1 + \dot{z}_1' \qquad\qquad (11.3)$$

Substituindo:

$$\dot{Z}\% = \frac{\dot{z}_1\, I_{1n}}{V_{1n}}\, 100 + \frac{\dot{z}_2\, I_{1n}}{V_{1n}}\, 100 \qquad\qquad (11.4)$$

Chamando:

$$\dot{z}_1'\% = \frac{z_1\, I_{1n}}{V_{1N}}100 \quad \text{de impedância percentual do enrolamento pri-}$$
e $$\text{mário}$$

$$\dot{z}_2'\% = \frac{\dot{z}_2'\, I_{1n}}{V_{1n}}\, 100 \quad \text{impedância percentual do enrolamento se-}$$
$$\text{cundário } \textit{referida ao primário.}$$

Visto que o valor de uma impedância percentual *independe do fato da mesma ser referida ao primário ou ao secundário do transformador,* tem-se:

$$\dot{z}_2'\% = \dot{z}_2\% \qquad\qquad (11.5)$$

Na equação de $Z\%$:

$$\dot{Z}\% = \dot{z}_1\% + \dot{z}_2\% \qquad\qquad (11.6)$$

Esta análise, embora não tenha nenhum interesse para os transformadores de dois circuitos, é de grande importância para aqueles com três circuitos, como se verá no decorrer do texto.

Finalmente, seja um importante detalhe que não deve ser esquecido quando se trabalha com valores percentuais. Os valores percentuais de impedância, resistências e reatâncias *independem do lado de referência, isto é, poder-se-iam calculá-los para o primário ou secundário, e o resultado seria o mesmo.* Isso ocorreu porque as *potências dos circuitos primário e secundário são iguais para transformadores de dois circuitos, fato este que, conforme se concluiu, não ocorre para os de três circuitos.* Em outras palavras, quando dois circuitos não possuem a mesma potência, os valores percentuais calculados de um ou outro lado são diferentes.

### 4. CIRCUITO EQUIVALENTE DO TRANSFORMADOR DE TRÊS CIRCUITOS

Da Fig. 11.1, pode-se prever que, assim como ocorreu com os transformadores convencionais, cada circuito (primário, secundário e terciário) terá uma correspondente impedância percentual do tipo analisado ($z_1$ % ou $z_2$ %). Em consequência, poder-se-ia substituir o citado transformador por um circuito, tal como se indica na Fig. 11.4, onde se admite que todas as impedâncias estão referidas ao circuito primário.

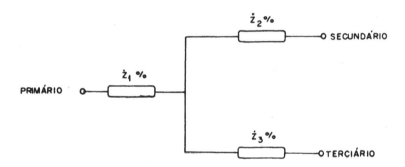

**Figura 11.4** — Circuito elétrico equivalente a um transformador de três circuitos

Na Fig. 11.4, temos $\dot{z}_1$%, a impedância percentual do enrolamento primário; $\dot{z}_2$%, a impedância percentual do enrolamento secundário referida ao primário; e $\dot{z}_3$%, a impedância percentual do enrolamento terciário referida ao primário.

No caso dos transformadores de dois circuitos, alimentando-se o primário, o único circuito ao qual se poderia conectar uma carga (impedância) seria o secundário. Nestas circunstâncias, a impedância oferecida pelo transformador seria:

$$\dot{Z}\% = \dot{z}_1\% + \dot{z}_2\%$$

Para o caso dos transformadores em análise, alimentando o primário, podem-se conectar cargas no secundário ou no terciário, ou em ambos os circuitos. Considerando, por exemplo, a ligação de uma impedância ao secundário, a impedância oferecida pelo transformador a esta carga seria:

# 126 Transformadores teoria e ensaios

$$\dot{Z}_{12}\% = \dot{z}_1\% + \dot{z}_2\% \qquad (11.7)$$

ao passo que, para uma carga inserida no terciário, a impedância seria:

$$\dot{Z}_{13}\% = \dot{z}_1\% + \dot{z}_3\% \qquad (11.8)$$

Verifica-se, deste modo, que, ao se determinar o circuito equivalente de um transformador e três circuitos, as impedâncias que o constituem deverão ser as indicadas na Fig. 11.4, e, após serem conectadas as cargas, dever-se-ia equacionar a impedância oferecida pelo transformador. Naturalmente, pode-se definir uma impedância $Z_{23}\% = \dot{z}_2\% + \dot{z}_3\%$ referente àquela existente entre os circuitos secundário e terciário.

Ainda a respeito da Fig. 11.4, como se mencionou, deve-se admitir que o sistema foi referido ao primário: portanto, todas as impedâncias percentuais indicadas estão referidas àquela parte do transformador. Esta observação é importante, pois, como se disse, os valores das impedâncias percentuais independem do lado de referência, *quando as potências dos circuitos são iguais,* fato que *não ocorre* para os transformadores em análise.

Sem discutir o assunto em maiores detalhes, pode-se afirmar que é comum encontrar-se alguma impedância com a parte imaginária negativa, ou seja, apresentando reatância capacitiva. A explicação para tal inclui uma análise de fluxos de dispersão de uma mesma bobina e entre bobinas.

## 5. ENSAIO EM CURTO-CIRCUITO

Para os transformadores em pauta, a determinação das impedâncias percentuais ($z_1\%$, $z_2\%$ e $z_3\%$) seria realizada por três ensaios em curto-circuito citados a seguir.

*a) Alimentando o primário e curto-circuitando o secundário*

Esta primeira fase seria realizada conforme mostra o esquema, onde se constata que o terciário permanece aberto.

O ensaio é realizado do mesmo modo que para os transformadores de dois circuitos.

A partir dos resultados obtidos do ensaio, poder-se-ia determinar uma impedância percentual equivalente à devida ao primário mais a do secundário, isto é, à definida pela expressão (11.2).

Conforme foi dito, os valores das impedâncias percentuais para os transformadores de três circuitos *dependem do enrolamento a que foram referidas,* pois as potências dos enrolamentos são diferentes neste caso. Conseqüentemente, quando se efetuam os cálculos dessas grandezas, deve-se tomar cuidado com o uso dos resultados fornecidos pelo ensaio. *Se os instrumentos foram colocados no primário,* então as impedâncias calculadas estarão referidas a este enrolamento. Entretanto, caso as leituras tenham sido efetuadas no secundário, as impedâncias calculadas estariam referidas a este enrolamento e, se há interesse em referí-las ao primário, deve-se efetuar uma correção, que poderá ser realizada pela aplicação da expressão (11.4). Se esta condição ocorre (aparelhos conectados no secundário), dever-se-ia ter um esquema para a realização do ensaio um tanto diferente do indicado na Fig. 11.5. Neste caso, o curto-circuito seria realizado no primário e a alimentação seria processada pelo secundário.

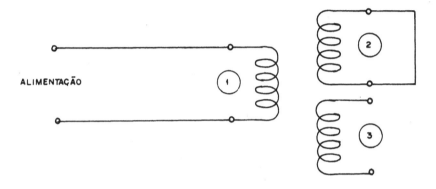

**Figura 11.5** — Ensaio em curto-circuito. Determinação de $Z_{12}\%$

*b) Alimentando o Primário e curto-circuitando o terciário*

Seria uma montagem do mesmo tipo que a anterior, substituindo-se o curto do secundário pelo do terciário e deixando o secundário aberto.

Neste caso, a impedância calculada corresponderia a $Z_{13}\%$ que, conforme se sabe, seria dada pela expressão (11.8).

Finalmente, todas as observações realizadas no item *a* são também aplicadas a esta fase do ensaio.

*c) Alimentando o secundário e curto-circuitando o terciário*

O esquema corresponderia ao da Fig. 11.6.

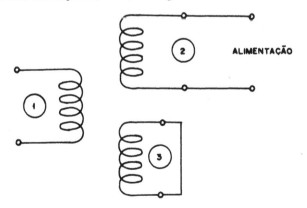

**Figura 11.6** — Ensaio em curto-circuito. Determinação de $Z'_{23}\%$

**128**   *Transformadores teoria e ensaios*

Pela localização dos instrumentos, é possível determinar uma impedância entre os enrolamentos secundário e terciário, porém *referida ao secundário* (ou terciário, caso os instrumentos e a alimentação ali estejam situados). Portanto, com o propósito de se obter um circuito equivalente, tal como o indicado pela Fig. 11.4, torna-se necessário corrigir a impedância calculada para o enrolamento primário.

A correção da impedância percentual determinada entre os circuitos secundário e terciário, e referida ao circuito secundário ($\dot{Z}'_{23}\%$) pode ser referida ao circuito primário ($\dot{Z}_{23}\%$) pela aplicação da expressão (11.9). A explicação sobre a expressão da correção está vinculada à já citada relação entre potências.

$$\dot{Z}_{23}\% = \dot{Z}'_{23}\% \; \frac{S_1}{S_2} \qquad (11.9)$$

em que: $\dot{Z}_{23}\%$ é a impedância entre os enrolamentos secundário e terciário, e referida ao primário; $\dot{Z}'_{23}\%$, idem, referida ao secundário; $S_1$, a potência aparente do primário; e $S_2$, a potência aparente do secundário.

Conhecido $\dot{Z}_{23}\%$ e sabendo-se que:

$$\dot{Z}_{23}\% = \dot{z}_2\% + \dot{z}_3\% \qquad (11.10)$$

tem-se formado um sistema de três equações a três incógnitas, que permitem obter $\dot{z}_1\%$, $\dot{z}_2\%$ e $\dot{z}_3\%$. O resultado da solução do sistema de equações é dado pelas expressões (11.11), (11.12) e (11.13).

$$\dot{z}_1\% = \frac{\dot{Z}_{12}\% + \dot{Z}_{13}\% - \dot{Z}_{23}\%}{2} \qquad (11.11)$$

$$\dot{z}_2\% = \frac{\dot{Z}_{23}\% + \dot{Z}_{12}\% - \dot{Z}_{13}\%}{2} \qquad (11.12)$$

$$\dot{z}_3\% = \frac{\dot{Z}_{13}\% + \dot{Z}_{23}\% - \dot{Z}_{12}\%}{2} \qquad (11.13)$$

Com estas equações e com os resultados dos ensaios, podem-se calcular as impedâncias que constituirão o circuito elétrico equivalente de um transformador de três circuitos, como é mostrado na Fig. 11.7.

## 6. RELAÇÃO DE TRANSFORMAÇÃO

Como já se relatou, quando se trabalha com transformadores de três circuitos, existem três tensões distintas: do primário, do secundário e do terciário. Desse modo, o termo relação de transformação deverá agora ser mais específico, embora continue a ser uma relação entre tensões.

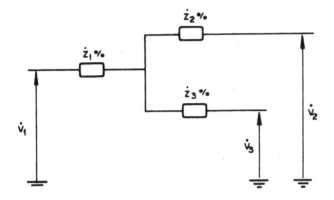

**Figura 11.7** — Circuito equivalente unifilar para um transformador de três circuitos

Poder-se-iam, pois, definir três relações de transformação:

*a) Relação de transformação primário-secundário*

$$K_{12} = \frac{E_1}{E_2} \qquad (11.14)$$

*b) Relação de transformação primário-terciário*

$$K_{13} = \frac{E_1}{E_3} \qquad (11.15)$$

*c) Relação de transformação secundário-terciário*

$$K_{23} = \frac{E_2}{E_3} \qquad (11.16)$$

Para a determinação desses elementos, o ensaio a ser realizado corresponderia ao ensaio a vazio, tal como o foi para os transformadores convencionais de dois circuitos.

# capítulo 12 — Autotransformadores

## 1. INTRODUÇÃO

Denomina-se autotransformador um transformador cujos enrolamentos primário e secundário estão conectados em série. Dentro deste princípio, a ABNT define o autotransformador como sendo o transformador no qual parte de um enrolamento é comum a ambos os circuitos, primário e secundário, a ele ligados.

Como será concluído do texto, o autotransformador apresenta algumas vantagens em relação ao transformador normal. Entre essas vantagens citar-se-iam: corrente de excitação menor, melhor regulação, menor custo, maior rendimento e dimensões menores.

Como principais desvantagens poder-se-ia citar o fato de os autotransformadores apresentarem correntes de curto-circuito mais elevadas e a existência de uma conexão elétrica entre os enrolamentos de maior e menor tensão.

Convém notar que os ensaios realizados no autotransformador são os mesmos executados nos transformadores normais, como os já estudados até este capítulo.

## 2. REPRESENTAÇÃO DE UM AUTOTRANSFORMADOR

A Fig. 12.1 mostra, esquematicamente, um transformador monofásico convencional no qual é aplicada uma tensão $V_1$. A tensão de saída $V_2$ relaciona-se à $V_1$ pela expressão aproximada:

$$\frac{V_1}{V_2} \cong \frac{N_1}{N_2} \tag{12.1}$$

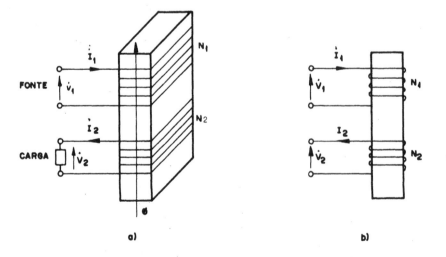

**Figura 12.1** — Representação de um transformador monofásico

Se a tensão primária de alimentação $V_1$ for constante, o fluxo máximo no núcleo permanecerá também praticamente constante ($V_1 \cong 4,44\, f\, N_1\, \phi_{max}$). Dentro do princípio de operação do transformador, o fluxo induz em cada espira dos enrolamentos uma tensão praticamente independente da corrente que flui no enrolamento. Desta forma, pode-se considerar que a distribuição de tensão entre quaisquer partes dos enrolamentos permanece constante e independente da corrente no enrolamento. Isso também ocorre no autotransformador, que é um equipamento baseado no mesmo princípio do transformador. O autotransformador possui apenas um enrolamento, de maior tensão, com $N'_1$ espiras, das quais uma parte atua como enrolamento de menor tensão. Essa maior tensão, como já se mencionou, pode agir como circuito primário (receptor de potência) ou secundário (fornecedor). A Fig. 12.2 ilustra o arranjo de uma autotransformador.

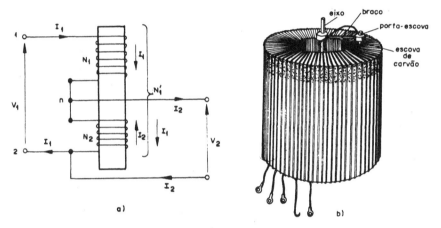

**Figura 12.2** — O autotransformador: a) esquema do autotransformador; b) autotransformador regulador para laboratório

## 3. RELAÇÕES DE TENSÕES E CORRENTES

Seja o autotransformador da Fig. 12.3. Nesta figura, pode-se observar que a tensão do lado secundário é a tensão do enrolamento comum e a tensão primária é a soma fasorial das tensões nos terminais dos enrolamentos comum e série, ou seja:

$$\dot{V}_1 = \dot{V}'_1 + \dot{V}'_2 \tag{12.2}$$

$$\dot{V}_2 = \dot{V}'_2 \tag{12.3}$$

Como já se analisou nos Caps. 1 e 2, pode-se dizer que as tensões $V'_1$ e $V'_2$ diferem das tensões induzidas pelo fluxo resultante (fcem e fem, respectivamente) no núcleo apenas da parcela correspondente ao fluxo de dispersão (reatância de dispersão).

Admitindo que o transformador indicado na Fig. 12.3 seja subtrativo, as tensões $\dot{E}'_1$ (fcem) e $\dot{E}'_2$ (fem) induzidas nos enrolamentos série e comum, res-

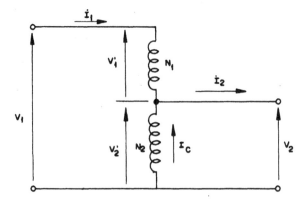

**Figura 12.3** — Tensões e correntes existentes no autotransformador

pectivamente, estão em fase. Da mesma forma, $\dot{V}'_1$ e $\dot{V}'_2$ também estão, praticamente, em fase; e, para fins práticos, pode-se dizer que a soma fasorial (12.2) pode ser tomada como uma expressão algébrica, ou seja:

$$V_1 = V'_1 + V'_2 \tag{12.4}$$

Para fins práticos pode-se dizer que:

$$\frac{V'_1}{V'_2} = \frac{N_1}{N_2} \tag{12.5}$$

A substituição de (12.5) em (12.4) resulta em:

$$V_1 = V'_2 \left( \frac{N_1}{N_2} + 1 \right) \tag{12.6}$$

ou:

$$\frac{V_1}{V_2} = \frac{N_1 + N_2}{N_2} \tag{12.7}$$

A Eq. (12.7) fornece a relação de transformação para o autotransformador.

A relação entre $I_1$ e $I_2$, desprezando-se a corrente de magnetização, pode ser obtida de forma análoga e é dada a seguir.

$$\frac{I_1}{I_2} = \frac{N_2}{N_1 + N_2} \tag{12.8}$$

## 4. POTÊNCIA NOMINAL E RENDIMENTO DO AUTOTRANSFORMADOR

O módulo da potência aparente de entrada do autotransformador é dada por:

$$S_1 = V_1 I_1 \tag{12.9}$$

e a potência aparente disponível no secundário será:

$$S_2 = V_2 I_2 \tag{12.10}$$

Embora no autotransformador a potência no primário e secundário seja calculada de forma análoga ao transformador convencional, convém lembrar que, neste último, a potência entre o primário e secundário é transmitida totalmente de forma eletromagnética, ou seja, não se tem conexão elétrica entre o primário e o secundário. No caso do autotransformador, uma parte de sua potência disponível no secundário é transmitida de forma eletromagnética e a outra parte, transferida simplesmente do primário ao secundário.

A potência transferida eletromagneticamente é:

$$S_1' = V_1' I_1 \tag{12.11}$$

e a potência transferida diretamente ao secundário pelo primário é dada por:

$$S_2' = V_2' I_c = V_2' (I_2 - I_1) \tag{12.12}$$

Para fins de comparação seja um transformador monofásico que tenha uma potência nominal dada por:

$$S_{TMN} = V_1 I_1 \tag{12.13}$$

Se tal transformador é conectado na forma de um autotransformador, sem alterar o número de espiras das bobinas do primário e secundário, tem-se o arranjo da Fig. 12.4.

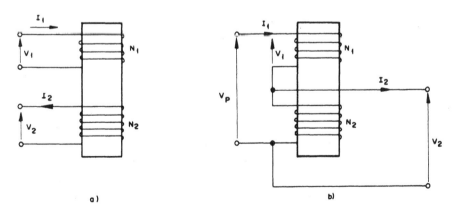

**Figura 12.4** — Circuitos para comparação de potências: a) transformador convencional; e b) autotransformador

**134**   *Transformadores teoria e ensaios*

Na Fig. 12.4, pode-se notar que a tensão do circuito primário, que para o transformador normal era $V_1$, no caso do autotransformador é $V_1 + V_2$, logo a potência no primário do autotransformador será:

$$S_{1AT} = (V_1 + V_2) I_1 \tag{12.14}$$

Utilizando-se da relação entre espiras vem:

$$S_{1AT} = (V_1 + V_1 \frac{N_2}{N_1}) I_1 = (1 + \frac{N_2}{N_1}) V_1 I_1 \tag{12.15}$$

Comparando-se (12.13) e (12.15), e como $I_p = I_1$, pode-se escrever:

$$S_{1AT} = S_{TMN} (1 + \frac{N_2}{N_1}) \tag{12.16}$$

A Eq. (12.16) mostra que — qualquer que seja a relação entre o número de espiras do primário e secundário de um transformador normal, sendo ele convertido em um autotransformador — a potência disponível neste último é maior, levando-o a ter um tamanho menor que um transformador normal de potência equivalente. Em outras palavras, isso equivale a dizer que, em princípio, o custo por kVA de um autotransformador é menor que o do transformador normal.

Cabe notar ainda, com base na Fig. 12.4, que o circuito série do autotransformador (primário do transformador convencional) deve ter seu isolamento previsto para uma tensão $V_1 + V_2$. Por outro lado, a corrente no enrolamento comum do autotransformador (secundário do transformador convencional) é dada por $I_1 - I_2$, o que permite a possibilidade de ter neste enrolamento condutores de bitola menor que a do transformador normal.

Assim, um balanço entre dimensões, isolamento e cobre permite concluir que um autotransformador tem seu preço inferior a um transformador normal com potência equivalente.

O autotransformador tem seu rendimento definido de modo idêntico ao transformador normal, ou seja, é definido pela relação entre as potências ativa entregue à carga e a recebida. Assim:

$$\eta = \frac{P_2}{P_1} \tag{12.17}$$

em que: $\eta$ é o rendimento; $P_1$, a potência ativa absorvida pelo primário; e $P_2$, a potência entregue pelo secundário.

Com base nos desenvolvimentos anteriores, pode-se concluir que o transformador normal possui um rendimento menor que o autotransformador.

## 5. CIRCUITO EQUIVALENTE DO AUTOTRANSFORMADOR

O circuito equivalente do autotransformador é obtido de forma semelhante ao transformador convencional. Os parâmetros desse circuito são determinados pelos ensaios a vazio e em curto, como se realizou nos Caps. 1 e 2.

Com o ensaio a vazio determinam-se as perdas no ferro e por histerese. Assim, deste ensaio podem-se determinar os parâmetros $R_m$ e $X_m$. Logo, a representação do autotransformador a vazio será a indicada na Fig. 12.5. Notar que tal ensaio é realizado pelo lado da tensão inferior.

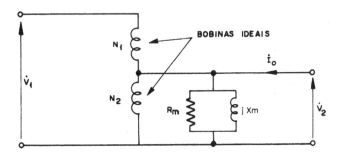

**Figura 12.5** — Circuito equivalente do autotransformador a vazio

Na Fig. 12.5 representa-se o autotransformador por duas bobinas ideais ligadas de modo a poder formar os circuitos comum e série.

Para se obter a impedância de dispersão, realiza-se o ensaio em curto-circuito. Como o caso do convencional, o autotransformador introduz uma impedância-série no circuito ao qual está ligado. O circuito equivalente nesta situação é indicado na Fig. 12.6 e, pelo fato de existirem as bobinas série e comum, duas impedâncias fazem-se necessárias.

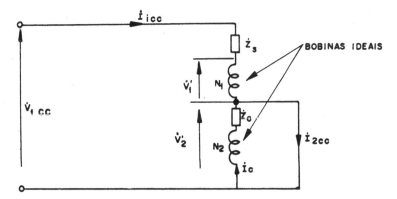

**Figura 12.6** — Circuito equivalente para o autotransformador em curto-circuito

Na Fig. 12.6 as impedâncias de dispersão dos circuitos série e comum são conectadas em série com as respectivas bobinas ideais e, assim, as bobinas representadas naquela figura serão responsáveis pela relação de transformação.

Por outro lado, é interessante referir as impedâncias ao primário ou se-

**136** *Transformadores teoria e ensaios*

cundário do autotransformador. Por conveniência, referir-se-á, como é costume, ao primário.

Da Fig. 12.6 pode-se escrever:

$$\dot{V}_2' = \dot{Z}_c \dot{I}_c \tag{12.18}$$

e

$$\dot{I}_c + \dot{I}_{1cc} = \dot{I}_{2cc} \tag{12.19}$$

Com o uso de /12.18) e (12.19), tem-se:

$$\dot{V}_2' = \dot{Z}_c (\dot{I}_{2cc} - \dot{I}_{1cc}) = \dot{Z}_c \quad (\frac{N_1 + N_2}{N_2} - 1)\dot{I}_{1cc} \tag{12.20}$$

logo:

$$\dot{V}_2' = (\dot{Z}_c \frac{N_1}{N_2})\dot{I}_{1cc} \tag{12.21}$$

Por outro lado, da Fig. 12.6, pode-se escrever ainda que:

$$\dot{V}_{1cc} = \dot{V'}_1 + \dot{Z}_s \dot{I}_{1cc} \tag{12.22}$$

Com o uso das Eqs. (12.5) e (12.21), a Eq. (12.22) transforma-se:

$$\dot{V}_{1cc} = \frac{N_1}{N_2} (\dot{Z}_c \frac{N_1}{N_2})\dot{I}_{1cc} + \dot{Z}_s \dot{I}_{1cc} \tag{12.23}$$

logo:

$$\dot{V}_{1cc} = [\dot{Z}_s + (\frac{N_1}{N_2})^2\dot{Z}_c]\dot{I}_{1cc} \tag{12.24}$$

Logo, a impedância de dispersão equivalente vista do primário será:

$$\frac{\dot{V}_{1cc}}{\dot{I}_{1cc}} + \dot{Z}_{12} = \dot{Z}_s + (\frac{N_1}{N_2})^2\dot{Z}_c \tag{12.25}$$

O circuito equivalente completo do autotransformador será o indicado na Fig. 12.7.

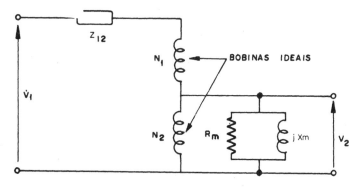

**Figura 12.7** — Circuito equivalente completo do autotransformador

## 6. AUTOTRANSFORMADORES TRIFÁSICOS

Os autotransformadores trifásicos são geralmente conectados em estrela-estrela (Fig. 12.8), porém existem outros tipos de conexão, como mostram as Figs. 12.9 e 12.10. Por vezes, o autotransformador pode apresentar um enrolamento terciário com uma potência da ordem de 35% da maior das potências entre a dos enrolamentos série ou comuns. O enrolamento terciário é inoperante sob condições equilibradas e serve para reduzir o nível de harmônicos produzidos pelo autotransformador.

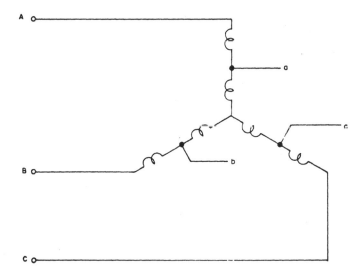

**Figura 12.8** — Autotransformador estrela-estrela

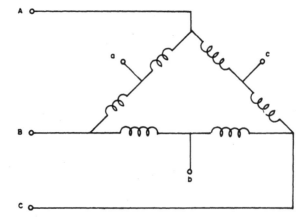

**Figura 12.9** — Autotransformador triângulo

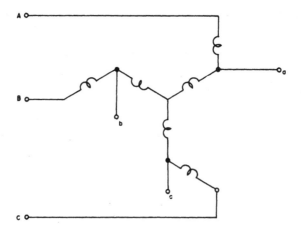

**Figura 12.10** — Autotransformador ziguezague-estrela

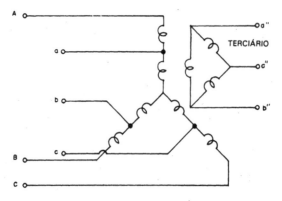

**Figura 12.11** — Autotransformador estrela-estrela com terciário em triângulo

# capítulo 13 — Transformadores trifásicos — conexões e aplicações

## 1. OBJETIVO

Na escolha do tipo de conexões de um transformador trifásico há muitas considerações a serem levadas em conta, normalmente conflitantes; conseqüentemente, essa escolha não é tão fácil como se supõe à primeira vista.

Apresentam-se a seguir alguns tipos de combinações possíveis com suas vantagens, desvantagens e aplicações.

### 1.1. Combinações de Conexões

*1.1.1. Estrela/estrela*

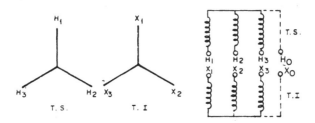

**Figura 13.1**

*a. Vantagens*

a.1. Conexão mais econômica para pequenas potências e altas tensões.

a.2. Ambos os neutros são disponíveis para aterramento ou para fornecer uma alimentação equilibrada a quatro fios.

a.3. Uma das conexões mais fáceis de se trabalhar, quando da colocação em paralelo.

a.4. Se faltar uma fase em qualquer dos dois lados, as duas remanescentes poderão operar de forma a permitir uma transformação monofásica, com $1/\sqrt{3}$ de potência de quando operava com as três fases.

*b. Desvantagens*

b.1. Os neutros são flutuantes, a menos que sejam solidamente aterrados.

b.2. Uma falta em uma fase torna o transformador incapaz de fornecer uma alimentação trifásica.

b.3. As dificuldades de construção das bobinas tornam-se maiores e os custos mais altos à medida que as correntes de linha se tornam muito grandes.

c. *Aplicação*

Usados para alimentação de cargas de pequena potência.

*1.1.2. Estrela/estrela com terciário em delta*

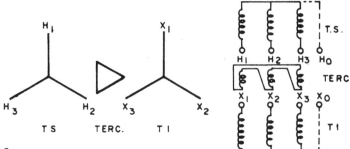

**Figura 13.2**

a. *Vantagens*

Ver "Aplicações".

b. *Desvantagens*

b.1. Dependendo do propósito para o qual se queira o enrolamento adicional (Δ), o custo incremental pode ser muito grande.

b.2. Se usado para o suprimento de uma carga, o circuito auxiliar pode, em transformadores que operam com altas tensões de ambos os lados, ficar sujeito a uma tensão à terra perigosa devido à indução eletrostática.

b.3. Uma falha do enrolamento auxiliar (Δ) pode tornar o transformador inoperante.

c. *Aplicações*

c.1. O enrolamento em delta fornece um caminho para os componentes de 3º harmônico da corrente de magnetização, que elimina as tensões de 3º harmônico dos enrolamentos principais. Os pontos neutros de tais enrolamentos são então estáveis e podem ser aterrados sem quaisquer efeitos perniciosos para o transformador ou para o sistema.

c.2 O enrolamento adicional (Δ) pode ser utilizado para o suprimento de cargas, tais como motores, ou mesmo ser usado para distribuição.

*1.1.3. Delta/delta*

a. *Vantagens*

a.1. Se faltar uma fase em qualquer um dos lados, as duas remanescentes poderão ser operadas em delta aberto para dar saída trifásica com $1/\sqrt{3}$ da potência anterior.

*Transformadores Trifásicos — Conexões e Aplicações* **141**

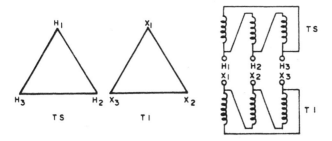

**Figura 13.3**

a.2. É a combinação mais econômica para transformadores de baixa tensão e altas correntes.

a.3. As tensões de 3? harmônico são eliminadas pela circulação de correntes de 3? harmônico nos "deltas".

a.4. Uma das mais fáceis combinações para colocação em paralelo.

a.5. Com tensões de linha simétricas, nenhuma parte dos enrolamentos pode estar normalmente a um potencial excessivo em relação à terra, a não ser devido a cargas estáticas.

*b. Desvantagens*

b.1. Não há neutros disponíveis

b.2. Não pode haver suprimento de energia com quatro condutores.

b.3. As dificuldades de construção das bobinas são maiores e os custos, mais altos com altas tensões de linha.

b.4. Sob condições normais de operação, a máxima tensão à terra em cada fase é $1/\sqrt{3}$ da tensão de linha; a mínima tensão é de $1/2\sqrt{3}$. As solicitações do isolamento são, portanto, maiores que para conexão estrela.

*c. Aplicações*

Em sistemas em que uma falta fase-terra é muito provável e pode ser perigosa.

*1.1.4. Delta/ziguezague*

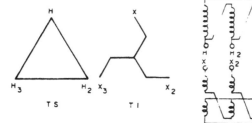

**Figura 13.4**

*a. Vantagens*

a.1. As tensões de 3? harmônico são eliminadas pela circulação de correntes de 3? harmônico com o primário em △.

a.2. O neutro do secundário pode ser aterrado ou utilizado para alimentação de cargas, ou, ainda, para prover um neutro para um sistema de corrente contínua (c.c.) de três condutores.

a.3. Cargas equilibradas e desequilibradas podem ser alimentadas simultaneamente.

a.4. De grande aplicação em sistemas de conversão estática.

*b. Desvantagens*

b.1. A falta de uma fase torna o transformador trifásico inoperante.

b.2. Devido ao defasamento das metades dos enrolamentos, que são conectados em série para formar uma fase, a conexão ziguezague exige em cada enrolamento 15,5% de cobre a mais.

*c. Aplicação*

A principal aplicação é em transformadores para conversores. Ainda mais uma considerável componente c.c., devido ao desequilíbrio, pode ser solicitada sem qualquer efeito pernicioso sobre a característica magnética do transformador.

*1.1.5. Estrela/delta*

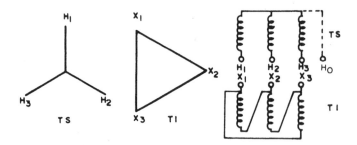

**Figura 13.5**

*a. Vantagens*

a.1. As tensões de 3? harmônico são eliminadas pela circulação das correntes de 3? harmônico no secundário em delta.

a.2. O neutro do primário mantém-se estável devido ao secundário em delta.

a.3. O neutro do primário pode ser aterrado.

a.4. É a melhor combinação para transformadores abaixadores pois a conexão estrela é apropriada para altas tensões e a delta, para altas correntes.

## b. Desvantagens

b.1. Não há neutro no secundário disponível para aterramento ou para uma possível alimentação a quatro fios.

b.2. A falta de uma fase torna o transformador inoperante.

## c. Aplicações

c.1. A principal é a do abaixamento de tensão de sistema usando grandes transformadores.

### 1.1.6. Delta/estrela

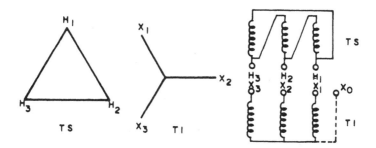

**Figura 13.6**

## a. Vantagens

a.1. As tensões de 3? harmônico são eliminadas pela circulação das correntes de 3? harmônico no primário em delta.

a.2. O neutro do secundário pode ser aterrado ou utilizado para uma alimentação a quatro condutores.

a.3. Cargas equilibradas e desequilibradas podem ser alimentadas simultaneamente.

## b. Desvantagens

b.1. A falta de uma fase leva à inoperância do transformador.

b.2. O enrolamento em delta pode ser mecanicamente fraco no caso de transformadores abaixadores com uma tensão primária muito alta, ou no caso de pequenas potências de saída.

## c) Aplicação

c.1. A principal aplicação é na alimentação com quatro condutores de cargas, que podem ser equilibradas ou desequilibradas.

c.2. É também usado para a elevação de tensão para a alimentação de uma linha de alta tensão. Como as tensões de 3? harmônico são eliminadas, o neutro é disponível para aterramento, e ambos os enrolamentos são empregados sob as melhores condições.

# ENSAIOS

## Introdução

Nesta parte, pretende-se fornecer elementos que servirão como guia para a realização e posterior análise dos ensaios, mais comuns, efetuados em transformadores.

Para todos os ensaios apresentados seguir-se-á a seguinte estrutura: *preparação, execução* e *análise*.

*Por preparação*, entende-se a etapa correspondente ao levantamento dos dados de placa do transformador, à escolha da instrumentação adequada a ser usada durante o ensaio, à definição de outros equipamentos e ao local onde se realizará o ensaio.

Por *execução,* entende-se a realização propriamente dita do ensaio, ou seja, é a fase do teste em que serão levantados os dados específicos do ensaio em particular.

Por *análise*, entende-se a parte em que o executante de posse dos dados já obtidos determinará parâmetros, construirá características etc., que permitirão concluir sobre o desempenho do transformador, bem como, em termos acadêmicos, responder às diversas perguntas afetas ao ensaio.

## 1. ENSAIO A VAZIO

### 1.1. Preparação

1.1.1. Registrar os seguintes dados de placa do transformador a ser ensaiado: potência, tensões superior e inferior, conexões, freqüência e *tap* para o qual está ligado o enrolamento de TS e/ou TI.

1.1.2. Calcular (ou registrar) as correntes nominais do transformador.

1.1.3. Para a execução do ensaio deve-se ter em mãos os seguintes instrumentos (*observar se os instrumentos são compatíveis com os valores a serem verificados*): a) wattímetro (de preferência para baixo cosψ); b) freqüencímetros; c) amperímetros; d) voltímetros; e) termômetro; f) TCs e TPs (se necessários).

### 1.2. Execução

1.2.1. a) Para a determinação da relação de transformação de tensões, aplicar uma tensão reduzida à TS e anotar:

$$V_{TS} = \underline{\qquad} [\quad] \; ; \; V_{TI} = \underline{\qquad} [\quad]$$

*Atenção:* Este item pode ser realizado com um equipamento adequado para se medir a relação de transformação (TTR).

1.2.2. Ligar o transformador a uma fonte de tensão alimentando-o, pelo lado da TI, e deixando a TS em aberto, conforme esquema a seguir:

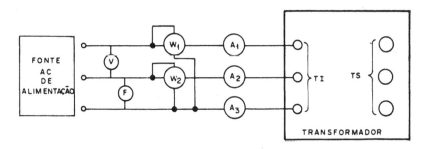

a) Para tensão e freqüência nominais, anotar:

| INSTRUMENTO | $A_1$ | $A_2$ | $A_3$ | * | V | $W_1$ · | $W_2$ | ** | F |
|---|---|---|---|---|---|---|---|---|---|
| GRANDEZA | $I_{01}$ [ ] | $I_{02}$ [ ] | $I_{03}$ [ ] | $I_0$ [ ] | $V_1$ [ ] | $P_1$ [ ] | $P_2$ [ ] | $P_0$ [ ] | $f$ [ ] |
| VALOR LIDO | | | | | | | | | |

\* $I_0$ é obtido a partir de: $\dfrac{I_{01} + I_{02} + I_{03}}{3}$

\*\* $P_0$ é obtido da *soma algébrica* de $P_1$ com $P_2$

**146** *Transformadores teoria e ensaios*

b) Para diversos valores de freqüência — em torno da nominal — fixando em cada etapa um determinado valor, varie a tensão aplicada e registre:

| INSTRUMENTO | $f =$ | | | Hz |
|---|---|---|---|---|
| | $W_1$ | $W_2$ | * | V |
| GRANDEZA | $P_1$ [ ] | $P_2$ [ ] | $P_0$ [ ] | $V_1$ [ ] |
| | | | | |
| | | | | |
| | | | | |
| | | | | |
| VALOR LIDO | | | | |
| | | | | |
| | | | | |

\* $P_0$ (ver observação do subitem *a* anterior)

\*\* Montar quantas tabelas julgar conveniente

### 1.3. Análise

Após a execução do ensaio devem-se analisar os resultados do mesmo; para tanto sugere-se o seguinte guia:

1. Traçar as curvas das perdas no núcleo em função de indução ($V/f$) para os diversos valores de freqüência, em folha anexa.

2. Traçar as curvas das perdas no núcleo, em função da freqüência, para os diversos valores da tensão.

3. Determinar a relação de transformação para o transformador, com os valores do ensaio e dos de placa, justificando os resultados encontrados; em seguida, determinar a relação do número de espiras.

| $K_{PLACA}$ | $K_{ENSAIO}$ | $K_n$ |
|---|---|---|
| | | |

4. Determinar a corrente a vazio em porcentagem da nominal.

| $I_0$ | $I_0\%$ |
|---|---|
| | |

5. Calcular o f.p. a vazio e as correntes $I_p$ e $I_q$.

| $\cos\phi_0$ | $I_p$ | $I_q$ |
|---|---|---|
| | | |

*Ensaios* **147**

6. Determinar os parâmetros do ramo magnetizante para uma fase do transformador, utilizando as representações série e paralela.

| $Z_m$ | $R_{mp}$ | $X_{mp}$ | $R_{ms}$ | $X_{ms}$ |
|---|---|---|---|---|
|  |  |  |  |  |

7. Comparar os valores de $I_p$ e $I_q$ justificando a resposta.

8. Fazer comentários a respeito dos gráficos obtidos.

9. Por que uma das correntes determinadas apresenta valor diferente das outras duas?

10. Analisar o problema das perdas de se trabalhar com um transformador de 50 Hz em 60 Hz.

11. Qual o significado do termo *tap* para um transformador e sua função, e como é efetuada sua mudança?

12. O que vem a ser o instrumento TTR; descrever rapidamente o seu princípio e manuseio.

13. Qual o recurso a ser usado para a medida da tensão se o ensaio fosse realizado no lado da TS?

## 2. ENSAIO EM CURTO-CIRCUITO

### 2.1. Preparação

2.1.1. Registrar os seguintes dados de placa do transformador a ser ensaiado: potência, tensões superior e inferior, conexões, freqüência, *tap* para o qual está ligado o enrolamento de TS e/ou TI e a temperatura normal de operação.

2.1.2. Calcular (ou registrar) as correntes nominais do transformador.

2.1.3. Para a execução do ensaio deve-se ter em mãos os seguintes instrumentos (*observar se os instrumentos são compatíveis com os valores a serem verificados*):

        a) wattímetros (de preferência para baixo cos $\psi$)
        b) freqüencímetro;
        c) amperímetro;
        d) voltímetro;
        e) termômetro; e
        f) TCs e TPs (se necessário).

### 2.2. Execução

2.2.1. Ligar o transformador a uma fonte, de preferência, de tensão variável, sob freqüência nominal, alimentando o lado de TS e curto-circuitando-se o lado de TI, conforme o esquema dado a seguir:

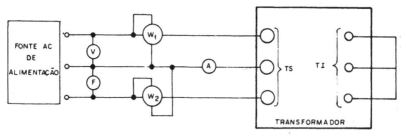

a) Anotar para diversos valores de tensão:

| INSTRUMENTO<br>GRANDEZA | V<br>$V_{cc}$ [ ] | A<br>$I$[ ] |
|---|---|---|
|  |  |  |
|  |  |  |
|  |  |  |
|  |  |  |
|  |  |  |
|  |  |  |
|  |  |  |
|  |  |  |
|  |  |  |

b) Para o valor correspondente às características nominais (corrente nominal), anotar:

| INSTRUMENTO | V | $W_1$ | $W_2$ | * | A | Termômetro |
|---|---|---|---|---|---|---|
| GRANDEZA | $V_{cc}$[ ] | $P_1$ [ ] | $P_2$ [ ] | $P_{cc}$ [ ] | $I$[ ] | $T_{amb}$ [ ] |
| VALOR LIDO | | | | | | |

*$P_{cc}$ é obtido da *soma algébrica* de $\overset{\bullet}{P}_1$ com $P_2$.

*Atenção:* Neste item deve-se anotar mediante um (ou vários) termômetro(s), o valor da temperatura ambiente média do ensaio.

## 2.3. Análise

Após a execução do ensaio devem-se analisar os resultados do mesmo e, para tanto, sugere-se o seguinte guia:

1. Construir e comentar sobre a característica de curto-circuito ($V_{cc} \times I$).

2. Calcular a porcentagem da tensão primária de curto-circuito relativa à tensão primária nominal para $I = I_n$.

| $V_n$ | $V_{cc}$ | $V_{cc}$ % |
|---|---|---|
| | | |

3. Calcular o valor da impedância, da resistência e da reatância, percentuais, efetuando as devidas correções para a temperatura normal de trabalho.

| $Z$% | $R$% | $X$% | $R$%$_{6f}$ | $Z$%$_{6f}$ |
|---|---|---|---|---|
| | | | | |

4. Determinar para o transformador ensaiado as perdas adicionais.

| $P_0$ | $P_A$ | $P_J$ |
|---|---|---|
| | | |

5. Completar o valor percentual de $V_{cc}$ com a faixa permitida pela norma ABNT aplicável (NBR-5356).

6. Quais a vantagem e a desvantagem de um transformador que tenha grande $V_{cc}$ em sistemas elétricos?

7. Para os condutores de cobre e alumínio quais os valores de $k_\theta$ para a correção de resistências de 25°C para 105°C.

**150** *Transformadores teoria e ensaios*

8. Apresentar, deduzindo, uma expressão que forneça a corrente de curto-circuito (mantida a tensão nominal) em função da corrente nominal e de $Z\%$.

9. Segundo o tipo do transformador, de acordo com a ABNT, quais os valores normais de $V_{cc}\%$?

10. Durante o ensaio em curto-circuito, o que ocorre com o valor da indução no núcleo do transformador? Justificar.

11. Quando não for possível realizar o ensaio em curto-circuito com uma tensão que faça circular as correntes nominais, mas, sim, uma parcela destas, perguntar-se-á:

a) É possível a realização do ensaio? Por quê?
b) Qual a fórmula de correção a se empregar?

12. Fazer um rápido comentário sobre as perdas adicionais. (A que se devem?)

## OBSERVAÇÃO

**Capabilidade dos transformadores**

Os transformadores são projetados para suportar esforços devido a curto-circuito em seus terminais sem alterar suas características térmicas ou mecânicas. Tais correntes de curto-circuitos devem, para tanto, permanecer dentro de uma faixa de valores, conforme mostra a tabela a seguir, com valores máximos de corrente de curto-circuito admissível em um transformador com tensão nominal mantida nos terminais que não estão sujeitos à falta.

| Valor eficaz da corrente de de curto-circuito simétrica (A) | Impedância (%) | Período de formação da corrente (s) |
|---|---|---|
| $25 \cdot I_n$ | $Z < 4$ | 2 |
| $20 \cdot I_n$ | $Z = 5$ | 3 |
| $16,6 \cdot I_n$ | $Z = 6$ | 4 |
| $14,3 \cdot I_n$ | $Z > 7$ | 5 |

Por exemplo, um transformador trifásico de 5 000 kVA 88 kV/138 kV com $Z = 6\%$ deve suportar uma corrente devido a um curto-circuito trifásico no lado de tensão interior, por exemplo, de 3 472 A durante 4 segundos sem apresentar danos.

## 3. ENSAIO PARA A DETERMINAÇÃO DA RIGIDEZ DIELÉTRICA DO ÓLEO ISOLANTE

### 3.1. Preparação

3.1.1. Para a execução deste ensaio é necessário: analisador portátil de rigidez dielétrica e amostras do óleo do transformador.

#### 3.1.2. *Colheita da amostra*

Antes de mais nada, a colheita não deve ser feita quando a temperatura ambiente for maior que a do óleo, para que este não absorva umidade, pois esta tende a condensar-se em superfície mais fria. A colheita tampouco deve ser feita com o ar agitado e empoeirado.

De acordo com norma brasileira "Recebimento, Instalação e Manutenção de Transformadores", a colheita deve ser feita da seguinte maneira:
• Usar um recipiente de vidro transparente com capacidade de aproximadamente 1 litro, que deve ser lavado com álcool e benzina. Esse recipiente deve ser seco e, em seguida, enxaguado com o próprio líquido a ser usado. Recomenda-se que a rolha do recipiente seja de vidro esmerilhado e que, após a lavagem com benzina e álcool, seja levada à estufa pra secagem a 100 °C. Os demais recipientes, como copos, funis, tubos e depósitos, se possível, devem ser de vidro e sofrer o mesmo processo de limpeza e secagem.
• Limpar cuidadosamente a válvula de drenagem, evitando o uso de panos ou estopas.
• Abrir a válvula de drenagem existente no fundo do transformador, deixando escorrer aproximadamente meio litro pela mesma antes de colher a amostra com a finalidade de permitir a limpeza do sistema de drenagem propriamente dito.
• Encher devidamente o recipiente com óleo, sem usar jato forte, para evitar espumas e bolhas. Não permitir a entrada de qualquer impureza.
• Se o ensaio não puder ser feito no local, a amostra deverá ser guardada em vidro especialmente preparado, evitando ao máximo possível, contato com o ar. De preferência, deve-se mergulhar a rolha em parafina. Antes do ensaio, o isolante deve ser suavemente agitado a fim de que o conteúdo seja homogeneizado.

#### 3.1.3. *Preparação do ensaio*

• A tensão máxima do ensaio depende do equipamento; seu valor mínimo deve ser de 35 kV. O analisador deve possuir dispositivos de segurança adequados.
• Retirar a cuba de prova do analisador portátil e lavá-la, juntamente com os eletrodos, com uma parte do óleo da amostra. Neste momento, verificar se o espaçamento entre as placas é o tabelado pelas normas.
• Encher a cuba de óleo, até cerca de 1 cm acima dos eletrodos. Evitar que o óleo borbulhe.

**152**  *Transformadores teoria e ensaios*

• Dar uma movimentação branda de vaivém no óleo da cuba, para facilitar a saída das bolhas de ar.

• Colocar a cuba de volta no analisador e deixá-la repousar por uns 3 min, para ficar isenta de bolhas e para sua temperatura ficar igual à ambiente.

• Não colocar o dedo no receptáculo nem deixar cair nele suor, respingos ou corpos estranhos.

O ensaio está, assim, pronto para ser realizado. Abaixar a tampa de segurança. O ensaio só poderá ser feito com esta tampa abaixada.

### 3.2. Execução

• Verificar se a tensão de suprimento coincide com a indicada na placa do analisador.

• Ligar a tomada do analisador girando o potenciômetro (reostato) para posição mínima.

• Pressionar o interruptor de segurança e manter a pressão durante o ensaio. (A retirada do dedo implica a abertura do circuito.)

• Poderá existir uma lâmpada indicadora que deverá estar acesa estando o circuito pronto para operação.

• Girar o potenciômetro, caso o analisador seja manual, na posição *aumentar,* de maneira a obter uma elevação gradual da tensão de ensaio da ordem 3 kV/s. (Preferencialmente, devem ser evitados testadores de rigidez dielétrica manual, pois os erros de leitura advindos de tais equipamentos, pela não uniformidade da taxa de crescimento da tensão, são muito grandes.)

• Observar no voltímetro a tensão de interrupção quando romper o arco e, conseqüentemente, ocorrer abertura do disjuntor elétrico instantâneo automático. Este deverá ser o valor anotado para o ensaio.

• Se houver um miliamperímetro, anotar qual a corrente de fuga através do dielétrico.

• Voltar o reostato à posição mínima e aguardar 3 min, para repetição do ensaio.

Para uma nova amostra:

• Esvaziar a cuba, tornando a lavá-la com óleo enchendo de nova porção da mesma amostra. Repetir as operações fazendo o registro em tabela.

• Fazer o ensaio com uma terceira porção, observando as mesmas precauções descritas anteriormente e registrar também na tabela.

O ensaio da amostra está encerrado. Proceder da mesma forma se houver outras amostras para se analisar.

Alguns analisadores mais modernos possuem cartões de programação, que permitem automatizar toda a seqüência do teste propriamente dito. Nesses casos, uma parte do guia acima deverá ser ignorada.

| AMOSTRA A | | | AMOSTRA B | | |
|---|---|---|---|---|---|
| PORÇÃO | LEITURA | TENSÃO DE RUPTURA | PORÇÃO | LEITURA | TENSÃO DE RUPTURA |
| 1.ª | 1.ª | | 1.ª | 1.ª | |
| 1.ª | 2.ª | | 1.ª | 2.ª | |
| 1.ª | 3.ª | | 1.ª | 3.ª | |
| 1.ª | 4.ª | | 1.ª | 4.ª | |
| 1.ª | 5.ª | | 1.ª | 5.ª | |

| AMOSTRA A | | | AMOSTRA B | | |
|---|---|---|---|---|---|
| PORÇÃO | LEITURA | TENSÃO DE RUPTURA | PORÇÃO | LEITURA | TENSÃO DE RUPTURA |
| 2.ª | 1.ª | | 2.ª | 1.ª | |
| 2.ª | 2.ª | | 2.ª | 2.ª | |
| 2.ª | 3.ª | | 2.ª | 3.ª | |
| 2.ª | 4.ª | | 2.ª | 4.ª | |
| 2.ª | 5.ª | | 2.ª | 5.ª | |

| AMOSTRA A | | | AMOSTRA B | | |
|---|---|---|---|---|---|
| PORÇÃO | LEITURA | TENSÃO DE RUPTURA | PORÇÃO | LEITURA | TENSÃO DE RUPTURA |
| 3.ª | 1.ª | | 3.ª | 1.ª | |
| 3.ª | 2.ª | | 3.ª | 2.ª | |
| 3.ª | 3.ª | | 3.ª | 3.ª | |
| 3.ª | 4.ª | | 3.ª | 4.ª | |
| 3.ª | 5.ª | | 3.ª | 5.ª | |

Tirar a média aritmética de todos os valores encontrados, obtendo assim a rigidez dielétrica do óleo. Comparar com a tabela mostrada na parte teórica, fazendo a devida classificação.

**AMOSTRA A**

Rigidez dielétrica =
Classificação

**AMOSTRA B**

Rigidez dielétrica:
Classificação

Retirar totalmente o óleo da cuba e, usando o ar dielétrico entre as placas, calcular a rigidez dielétrica deste; comparar com o valor obtido para as duas amostras.

| | AMOSTRA A | AMOSTRA B | AR |
|---|---|---|---|
| Rigidez dielétrica | | | |

**154**  *Transformadores teoria e ensaios*

### 3.3. Análise

Após a execução do ensaio, devem-se analisar os resultados do mesmo; para tanto, sugere-se o seguinte guia:

1. Comparar o óleo das amostras e o ar quanto ao isolamento elétrico.

2. O ar poderia ser usado, em vez do óleo, num transformador? Por que isto não é feito nos grandes e médios transformadores?

3. Justificar a razão da relativamente grande discrepância entre os valores da rigidez dielétrica nas várias medidas para uma mesma amostra.

4. Pelos resultados encontrados no ensaio, citar a necessidade ou não de serem tomadas medidas para restaurar o óleo. Quais seriam essas medidas?

5. Por que se deve observar um certo intervalo de tempo entre as diversas medidas da rigidez dielétrica do óleo?

6. O que ocorreria se a distância entre os eletrodos fosse reduzida pela metade? Os valores assim obtidos poderiam ser classificados de acordo com a tabela dada na teoria? Justificar.

7. A rigidez dielétrica do óleo é afetada por haver uma faísca no mesmo? No instante da faísca, qual a rigidez? Ela volta ao normal após a faísca? Em que condições isso não ocorre?

8. Qual a forma dos eletrodos recomendada pelas normas? Haveria diferença no ensaio, quanto aos valores obtidos, se os eletrodos fossem de forma pontiaguda? Por quê?

9. Fazer uma pesquisa em livros e revistas sobre o emprego de óleo mineral e de Ascarel na isolação de transformadores.

10. Explicar o princípio e a aplicação do relé de Buchholz.

11. Definir o que é fator de potência de um isolante. Qual seu valor ideal? Como é medido?

## 4. ENSAIO DE AQUECIMENTO

### 4.1. Preparação

**4.1.1.** Registrar os seguintes dados de placa do transformador a ser ensaiado: potência, tensões superior e inferior, conexões, freqüência, *tap* para o qual está ligado o enrolamento de TS e/ou TI, temperatura de operação.

**4.1.2.** Calcular (ou registrar) as correntes nominais do transformador.

**4.1.3.** Para a execução do ensaio deve-se ter em mãos os seguintes instrumentos (*observar se os instrumentos são compatíveis com os valores a serem verificados*): *a)* wattímetro (de preferência para baixo cos $\psi$); *b)* freqüencímetro; *c)* amperímetro; *d)* voltímetro; *e)* termômetro; e *f)* TCs e TPs (se necessário).

Cuidados adicionais de acordo com os itens 5, 6 e 7 da parte teórica.

### 4.2. Execução

**4.2.1.** Medir a temperatura ambiente e o valor da resistência do enrolamento de TS para esta temperatura. Registrar na tabela.

| Temperatura ambiente | $R_{TS}$ |
|---|---|
|  |  |

**4.2.2.** Executar a montagem, conforme a figura a seguir.

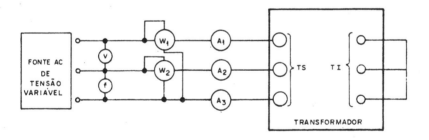

**4.2.3.** Ajustar o valor da tensão da fonte de maneira que o wattímetro acuse $P_o + P_{cc}$ determinadas, respectivamente, pelos ensaios em curto e a vazio. Esta fase compreenderá o ensaio de aquecimento do óleo.

**156** *Transformadores teoria e ensaios*

4.2.4. Para diversos tempos de funcionamento, construir uma tabela relacionando tempo de funcionamento, temperatura do óleo e temperatura ambiente.

4.2.5. Desliga-se o transformador, espera-se um certo tempo para seu resfriamento e aplica-se em seguida uma tensão (como se viu na teoria, durante aproximadamente 1 hora) tal que produza as correntes nominais nos enrolamentos. Esta fase compreende o ensaio de aquecimento dos enrolamentos.

| INSTRUMENTO | $W_1 + W_2$ | $V$ | $A$ |
|---|---|---|---|
| GRANDEZA | $P$ [  ] * | $V_{cc}$ [  ] | $I_2$ [  ] |
| VALOR LIDO |  |  |  |

P corresponde à soma algébrica das leituras dos wattímetros

4.2.6. Deixar o transformador alimentado durante 1 hora, de acordo com a seqüência e a maneira vistas na teoria; desligá-lo e medir os valores da resistência dos enrolamentos para cada uma das fases, tanto no lado de tensão superior como no lado de tensão inferior. Registrar os valores na tabela abaixo:

| TEMPO DE MEDIDA | $R_{TS}$ |
|---|---|
|  |  |
|  |  |
|  |  |
|  |  |

### 4.3. Análise

Após a execução do ensaio, devem-se analisar os resultados do mesmo; para tanto, sugere-se o seguinte guia:

1. Usando dados do item 4.2.4, construir a curva temperatura *versus* tempo.

Da curva obtida, obter o valor da temperatura máxima atingida pelo óleo e, calculando pela tabela a temperatura média do ambiente, determinar o máximo gradiente óleo-ambiente.

| $\Theta_{máx}$ do óleo | $\Theta_{média}$ do ambiente | Gradiente de temperatura óleo-ambiente |
|---|---|---|
|  |  |  |

**3.** Construir o gráfico para a correção devida à temperatura da resistência. Fazer a extrapolação gráfica e registrar na tabela o valor de $R_{TS}$ no exato instante do desligamento.

| $R_{TS}$ no desligamento |
|---|
|  |

**4.** Aplicando a fórmula deduzida na teoria, calcular a temperatura do enrolamento aquecido. Determinar o procurado gradiente enrolamento-ambiente.

| Temperatura do enrolamento | Gradiente enrolamento-ambiente |
|---|---|
|  |  |

**5.** Comparar os gradientes de temperatura óleo-ambiente e enrolamento-ambiente com a faixa permitida pela norma para o tipo de transformador testado.

|  | NORMA | ENSAIO |
|---|---|---|
| Óleo-ambiente |  |  |
| Enrolamento- ambiente |  |  |

**6.** Analisando a última tabela, fazer considerações resumidas sobre a adequação ou não do transformador testado, sob o ponto de vista de aquecimento.

**7.** Comparar, na tabela abaixo, o valor real da resistência do enrolamento no real instante do desligamento, com o valor obtido pela primeira leitura. Calcular a temperatura do enrolamento usando o último resultado, tabelando junto a determinada para $t = 0$, que já foi determinada no item 4.3.4; comparar os resultados obtidos.

| $R_{TS}$ para $t = 0$ | $R_{TS}$ para a primeira medida | $\Theta_{enr}$ para $t = 0$ | $\phi_{enr}$ para a primeira medida |
|---|---|---|---|
|  |  |  |  |

**8.** Fazer uma pesquisa bibliográfica sobre os transformadores quanto ao ponto de vista de refrigeração e na classificação.

**9.** No caso de um transformador se aquecer acima do estabelecido, qual o recurso a se aplicar de modo a permitir seu uso?

**10.** Qual o meio usado para aumento da potência fornecida por um transformador? Qual o aumento máximo normalmente conseguido? O processo é automático?

## 5. ENSAIO PARA A DETERMINAÇÃO DE VALORES DE RENDIMENTO E DE REGULAÇÃO

*Atenção:* Este ensaio, da forma indicada, nem sempre é possível ser realizado face às dificuldades de obterem-se cargas compatíveis com a potência nominal do transformador em análise.

### 5.1. Preparação

5.1.1. Registrar os seguintes dados de placa do transformador a ser ensaiado: potência, tensões superior e inferior, conexões, freqüência e *tap* para o qual está ligado o enrolamento de TS e/ou TI.

5.1.2. Calcular (ou registrar) as correntes nominais do transformador.

5.1.3. Para a execução do ensaio deve-se ter em mãos os seguintes instrumentos (*observar se os instrumentos são compatíveis com os valores a serem verificados*): *a)* wattímetro; *b)* freqüencímetro; *c)* amperímetros; *d)* voltímetros; *e)* termômetro; e *f)* TCs e TPs (se necessário).

### 5.2. Execução

5.2.1. Colocar uma carga variável no secundário do transformador, como se indica a seguir:

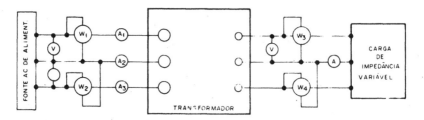

5.2.2. Para diversos valores de $I_2$ e cos $\psi_c$ = constante, e sabendo que $I_{2n}$ = ___ [A], registrar:

| INSTRUMENTO | $W_1$ | $W_2$ | * | V | A | ** | $W_3$ | $W_4$ | *** | **** |
|---|---|---|---|---|---|---|---|---|---|---|
| GRANDEZA | $P_1$ [ ] | $P_2$ [ ] | $P_e$ [ ] | $V_2$ [ ] | $I_2$ [ ] | $f_c$ [ ] | $P_3$ [ ] | $P_4$ [ ] | $P_s$ [ ] | $\eta\%$ [ ] |
| VALOR LIDO | | | | | | | | | | |

em que:

$$*P_e = P_1 \pm P_2 \text{ ou } P_2 \pm P_1$$

$$**f_c = I_2 / I_{2n}$$

$$***P_s = P_3 \pm P_4 \text{ ou } P_4 \pm P_3$$

$$****\eta\% = \frac{P_s}{P_e} \; 100$$

5.2.3. Determinar para o transformador:

| R% | X% |
|----|----|
|    |    |

| $R_2$ | $X_2$ |
|-------|-------|
|       |       |

## 5.3. Análise

Após a execução do ensaio devem-se analisar os resultados do mesmo; para tanto sugere-se o seguinte guia:

1. Com os dados da tabela obtida no item 5.2.2, traçar a curva $\eta\% \times f_c$.

2. Compará-la com a teoria, classificando o transformador ensaiado (força ou distribuição).

3. Determinar para dois valores quaisquer de carga as respectivas regulações de tensão, utilizando para tanto os processos *analítico* e *gráfico*. Se os resultados divergirem, analisar a provável causa.

4. Para o transformador em estudo, cujas características nominais são conhecidas, traçar a curva $\text{Reg}\% = f(\cos\phi_c)$ para uma corrente de carga igual a _____ [A], estabelecendo em seguida o melhor valor do fator de potência de carga, sob o ponto de vista de regulação. (Usar para tanto o diagrama de Kapp.)

5. Como se faria um estudo da regulação em função de $I_2$ para valores constantes de $\cos\phi_c$?

6. Usar o ábaco para o cálculo da regulação, comentando os resultados.

7. Fazer uma análise sobre rendimento diário de um transformador.

**160**  *Transformadores teoria e ensaios*

## 6. POLARIDADE E DEFASAMENTO ANGULAR (D.A.)

### 6.1. Preparação

6.1.1. Registrar os seguintes dados de placa do transformador a ser ensaiado: potência, tensões superior e inferior, conexões, freqüência e *tap*, para o qual está ligado o enrolamento de TS e/ou TI.

6.1.2. Calcular (ou registrar) as correntes nominais do transformador.

6.1.3. Para este ensaio, são necessários os seguintes equipamentos: chave de quatro pólos; voltímetro (corrente alternada – c.a.); voltímetro (c.c., com zero central); fonte c.c.; transformador monofásico; e transformador trifásico.

### 6.2. Execução

6.2.1. Pelo método do golpe indutivo, determinar a polaridade do transformador monofásico. Para tanto, ler:

| 1ª deflexão: | | 2ª deflexão: |
|:---:|:---:|:---:|

6.2.2. Usando o método da corrente alternada, determinar para o transformador monofásico sua polaridade; para tanto, fazer as leituras a seguir, como se mostrou na teoria.

| Voltímetro na posição 1 | [V] |
|---|---|
| Voltímetro na posição 2 | [V] |

6.2.3. Usando um transformador trifásico, marcar os terminais de TS e de TI com as letras e os índices normalizados.

6.2.4. Fechar um curto entre $H_1$ e $X_1$, e alimentar o lado de TS com uma tensão trifásica reduzida de valor entre fases:

| Tensão de alimentação (valor entre fases) | (V) |
|---|---|

6.2.5. Efetuar as medidas para a determinação do defasamento angular (D.A.) do transformador:

| GRANDEZA | VALOR LIDO |
|:---:|:---:|
| $V_{H1H3}$ | [V] |
| $V_{H3X3}$ | [V] |
| $V_{H2X3}$ | [V] |
| $V_{H3X2}$ | [V] |

6.2.6. De modo a determinar o defasamento angular pelo método da construção gráfica, registrar as seguintes medidas:

| GRANDEZA | VALOR LIDO |
|----------|------------|
| $V_{X1X2}$ | (V) |
| $V_{H1H2}$ | (V) |
| $V_{H2X2}$ | (V) |
| $V_{H3X2}$ | (V) |
| $V_{H2X3}$ | (V) |
| $V_{H3X3}$ | (V) |

Existem disponíveis no mercado equipamentos que medem o ângulo de defasamento de transformadores com precisão da ordem de décimo de grau.

### 6.3. Análise

Após a execução do ensaio, devem-se analisar os resultados do mesmo; para tanto, sugere-se o seguinte guia:

1. Usando os resultados do ensaio do *transformador monofásico,* qual a sua polaridade? Como seriam marcados os terminais pelas duas convenções introduzidas?

2. Com as leituras do item 6.3.5, conclui-se que o D.A. do transformador é de...

3. Utilizando as medições realizadas, construir os diagramas de acordo com o apresentado no terceiro processo.

4. Por que o ensaio da determinação do defasamento não permite a determinação do tipo de conexão da TS ou da TI?

5. Como efetuar o teste de c.a., tanto para transformadores monofásicos como trifásicos, de relação de espiras superiores a 30:1?

6. Dizer as vantagens da utilização quase que de apenas transformadores subtrativos (padronização).

7. Analogamente ao que foi feito na teoria, para o transformador estrela-triângulo esquematizador um trafo trifásico subtrativo triângulo ziguezague, determinando em seguida seu D.A.

**162** *Transformadores teoria e ensaios*

## 7. OPERAÇÃO EM PARALELO DE TRANSFORMADORES

### 7.1. Preparação

7.1.1. Registrar os seguintes dados de placa do transformador a ser ensaiado: potência, tensões superior e inferior, conexões, freqüência e *tap* para o qual está ligado o enrolamento de TS e/ou TI.

7.1.2. Calcular (ou registrar) as correntes nominais do transformador.

7.1.3. Para este ensaio, são necessários: a) pelo menos dois transformadores monofásicos; b) pelo menos dois transformadores trifásicos; e c) voltímetros.

### 7.2. Execução (com caráter acadêmico)

7.2.1. Para dois transformadores monofásicos, observar as condições de operação em paralelo:

$T_1$

| $V_{TS}$ | |
|---|---|
| $V_{TI}$ | |
| Polaridade | |
| $R\%$ | |
| $X\%$ | |
| $Z\%$ | |

$T_2$

| $V_{TS}$ | |
|---|---|
| $V_{TI}$ | |
| Polaridade | |
| $R\%$ | |
| $X\%$ | |
| $Z\%$ | |

7.2.2. Para dois transformadores trifásicos, ligados em $Y/Y$, observar as condições de operação em paralelo:

$T_1$

| $V_{TS}$ | |
|---|---|
| $V_{TI}$ | |
| D.A. | |
| $R\%$ | |
| $X\%$ | |
| $Z\%$ | |

$T_2$

| $V_{TS}$ | |
|---|---|
| $V_{TI}$ | |
| D.A. | |
| $R\%$ | |
| $X\%$ | |
| $Z\%$ | |

Ensaios **163**

7.2.3. Mantendo-se um dos transformadores conectado em $Y/Y$ e passando o outro para $\triangle/Y$, observar as condições de operação em paralelo:

$T_1$                                                    $T_2$

| $V_{TS}$ | |
|---|---|
| $V_{TI}$ | |
| D.A. | |
| $R\%$ | |
| $X\%$ | |
| $Z\%$ | |

| $V_{TS}$ | |
|---|---|
| $V_{TI}$ | |
| D.A. | |
| $R\%$ | |
| $X\%$ | |
| $Z\%$ | |

7.2.4. Mudar a ligação do $Y/Y$ para $\triangle/Y$, porém o $\triangle$ deve ser "feito" de maneira inversa ao $\triangle$ do segundo transformador. Verificar as condições de operação em paralelo:

$T_1$                                                    $T_2$

| $V_{TS}$ | |
|---|---|
| $V_{TI}$ | |
| D.A. | |
| $R\%$ | |
| $X\%$ | |
| $Z\%$ | |

| $V_{TS}$ | |
|---|---|
| $V_{TI}$ | |
| D.A. | |
| $R\%$ | |
| $X\%$ | |
| $Z\%$ | |

## 7.3. Análise

Após a execução do ensaio, devem-se analisar os resultados do mesmo; para tanto, sugere-se o seguinte guia:

1. É possível a operação em paralelo dos transformadores, cujos dados se encontram no item 7.2.1?

2. Idem para os do item 7.2.2?

3. Por que os transformadores do item 7.2.3 possuem relações de transformação diferentes? Isto é sempre verdadeiro para os dois tipos de transformadores?

4. Se encontrássemos, para o caso anterior, a mesma relação de transformação, haveria ou não possibilidade de colocação em paralelo, sem alterarmos suas ligações internas? Por quê?

5. Qual foi a finalidade da ligação em triângulo, obedecendo a uma maneira inversa (item 7.2.4)? Caso obedecêssemos o mesmo sentido, o que ocorreria?

6. Idem ao 1 para transformadores do item 7.2.4.

**164**  *Transformadores teoria e ensaios*

7. Qual a distribuição percentual em termos da potência nominal para dois transformadores que tenham a mesma potência, porém impedância percentual uma o triplo da outra?

8. Mostrar que, se dois transformadores de $K$ diferentes forem colocados em paralelo, a tensão do barramento secundário será um valor intermediário entre as duas fem. Traçar o diagrama fasorial correspondente, mostrando as quedas de tensão bem como a tensão do barramento.

9 . Demonstrar que:

$$\frac{S_1 \%}{S_2 \%} = \frac{Z_2 \%}{Z_1 \%}$$

Ensaios 165

## 8. ENSAIO DE TENSÃO APLICADA, TENSÃO INDUZIDA E VERIFICAÇÃO DA RESISTÊNCIA DE ISOLAMENTO

### 8.1. Preparação

Este ensaio deve ser realizado num laboratório de alta tensão, à freqüência industrial.

8.1.1. Registrar o seguintes dados de placa do transformador a ser ensaiado: potência, tensões superior e inferior, conexões, freqüência, *tap* para o qual está ligado o enrolamento de TS e/ou TI, temperatura de operação.

8.1.2. Para a realização da parte do ensaio referente à medição da resistência de isolamento, deve-se ter disponível um megôhmetro.

### 8.2. Execução

8.2.1. De posse de um megôhmetro de _____ V, determinar:

| MEDIÇÃO ENTRE | RESISTÊNCIA DE ISOLAMENTO |
|---|---|
| TS e TI | MΩ |
| TS e massa | MΩ |
| TI e massa | MΩ |

temperatura ambiente =

8.2.2. Para o ensaio de tensão aplicada à TS, sendo a TS da classe de _____ kV, a tensão necessária é de _____ kV. Realizá-la.

8.2.3. para o ensaio de tensão aplicada à TI, sendo a TI da classe de _____ kV, a tensão necessária é de _____ kV. Realizá-la.

8.2.4. Para o ensaio de tensão induzida, deve-se ter freqüência de _____ Hz e tensão de _____ kV. Realizá-la.

### 8.3. Análise

Após a execução do ensaio devem-se analisar os resultados do mesmo; para tanto; sugere-se o seguinte guia:

1. Relatar o resultado do ensaio com o megôhmetro em relação ao isolamento do transformador. Calcular as resistências mínimas que deveriam existir, comparando os valores encontrados. Usar o gráfico ou tabela, se necessário, para as devidas correções.

2. Relatar o resultado do ensaio de tensão aplicada em relação ao isolamento do transformador.

3. Idem em relação à tensão induzida.

4. Qual o motivo de o ensaio com o megôhmetro muitas vezes não indicar cor-

**166**   *Transformadores teoria e ensaios*

retamente o estado de isolamento de um transformador? Para qual tipo de defeito é utilizado?

5. Fazer um estudo resumido sobre a *manifestação* de um pequeno defeito de isolamento entre as bobinas ou entre as bobinas e a massa, pelo ensaio de tensão aplicada.

6. Pelo esquema utilizado no item 8.2.2, é possível a detecção do local de defeito? Como isso seria feito?

7. Ainda no ensaio de tensão aplicada, qual o motivo do valor da tensão usado (acima da nominal)?

8. No ensaio de tensão aplicada, segundo o que foi indicado, os pontos ficarão sujeitos a gradientes de tensão maiores, menores ou iguais ao funcionamento nominal? Isso traz alguma vantagem?

9. Justificar o motivo de a duração do ensaio de tensão induzida ser em termos de ciclagem.

10. Por que o ensaio de tensão induzida deve ser realizado com freqüência acima da nominal? Por que isso não afeta o objetivo do ensaio?

11. No ensaio de tensão aplicada é suficiente a aplicação da tensão apenas do lado da TS? E no de tensão induzida, é válido aplicar-se tensão apenas na TI?

## 9. ENSAIO DE IMPULSO

### 9.1. Preparação

Deve-se ter o transformador a ser ensaiado colocado num laboratório de alta tensão, com toda a instrumentação e aparelhagem inerente ao mesmo.

9.1.1. Anotar a classe de tensão do transformador

$$TS = \underline{\hspace{2cm}} kV \qquad\qquad\qquad TI = \underline{\hspace{2cm}} kV$$

9.1.2. Fazer o esquema de realização do ensaio.

### 9.2 Execução

9.2.1. Aplicar e registrar (fotografia) duas ondas reduzidas de valor de crista _____ kV. Registrar os oscilogramas das tensões e correntes.

9.2.2. Aplicar e registrar duas ondas cortadas de valor de crista _____ kV e tempo de corte _____ μs. Registrar.

9.2.3. Aplicar e registrar uma onda plena de valor de crista _____ kV. Registrar.

9.2.4. Aplicar e registrar uma onda reduzida de valor de crista _____ kV. Registrar.

### 9.3. Análise

Após a execução do ensaio devem-se analisar os resultados do mesmo; para tanto, sugere-se o seguinte guia:

1. Verificar com as fotografias de 10 μs a normalização da onda no que tange ao tempo de subida, $T_1$, bem como verificar o tempo $T_2$.

2. Com base nas fotografias obtidas de uma maneira grosseira, nota-se que o transformador resistiu ou não ao ensaio de impulso?

3. Segundo técnica abordada na parte teórica, houve danos no transformador pela realização do ensaio? Por quê?

4. Analisar o problema da detecção de defeitos durante o ensaio de impulso.

5. Justificar o formato de onda de corrente e esboçá-la.

6. Qual o significado do índice $B$ junto a algumas classes de isolamento? No que afeta isso?

7. Qual o objetivo da fotografia de 10 μs?

8. Qual seria a influência de um transformador na onda de impulso (influência de suas características elétricas)?

9. Por que se efetua a normalização das ligações dos transformadores para o ensaio de impulso?

10. Quais os equipamentos empregados como proteção dos transformadores para ondas dos tipos mostradas?

11. Em ensaios, normalmente todos os terminais, excluindo o ensaiado, devem

**168** *Transformadores teoria e ensaios*

ser aterrados. Caso um não o seja, qual a proteção a se efetuar? (Ver normas ABNT).

12. Como se justificaria que um transformador de isolamento de 15 kV devesse suportar 95 kV no impulso? O que se entende pelos dois valores? O que é N.I. (nível de impulso)?

13. A análise do ensaio de impulso é do tipo quantitativa ou qualitativa?

14. Por que se usa uma resistência para se observar com o osciloscópio o formato da corrente? Poder-se-ia usar uma impedância?

15. Qual a diferença em termos de corte ao se utilizar Trigatron e um centelhador comum?

16. O que se entende por ensaio a freqüência industrial?

17. Quais os motivos que levam a ABNT a permitir erros de até 30% nos tempos $T_1$ e $T_2$?

# 10. ENSAIO DE OBSERVAÇÃO DE COMPONENTES HARMÔNICOS

## 10.1. Preparação

Providenciar: três transformadores monofásicos; reostatos; e osciloscópio.

## 10.2. Execução

10.2.1. Alimentar um transformador monofásico, a vazio, como mostra o esquema, onde o reostato tem por função a alimentação do osciloscópio em que será observado o formato de $i_0$.

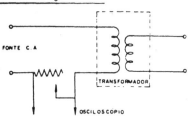

10.2.2. Montar um banco trifásico, com primário conectado em triângulo, deixando o secundário em aberto, inserindo-se resistências para a verificação dos formatos das correntes de fase e de linha.

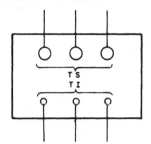

10.2.3. Ainda utilizando o esquema anterior, conectar o secundário em triângulo, e observar o formato das correntes de fase e de linha.

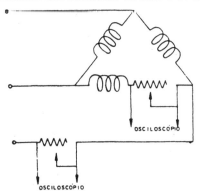

**10.2.4.** Abrir o triângulo do secundário e, com os dois terminais, alimentar o osciloscópio. Aplicar também uma onda de 60 Hz para comparação de freqüência.

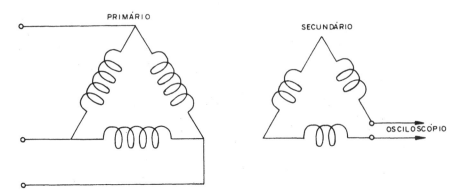

### 10.3. Análise

1. Esboçar, comentando rapidamente, a primeira onda observada.

2. Esboçar, comentando rapidamente, as ondas da corrente a vazio na fase e na linha do primário em triângulo.

3. Relatar a respeito da influência do △ fechado do secundário. Esboçar as novas correntes.

4. Apresentar a onda registrada no item 10.2.4 e comentá-la rapidamente.

5. Por que as três ondas de 3º harmônico estão em fase e têm três vezes a freqüência da onda fundamental? Demonstrar analiticamente.

6. Verificou-se tanto na teoria como no laboratório que trabalhamos com um transformador trifásico correspondente a um banco de três monofásicos. Caso se use um transformador trifásico com núcleo de três colunas, encontrar-se-ia o mesmo resultado? Por quê?

7. Traçar $i_0 = f(t)$, admitindo $\phi$ senoidal. Comparar o resultado com o obtido experimentalmente.

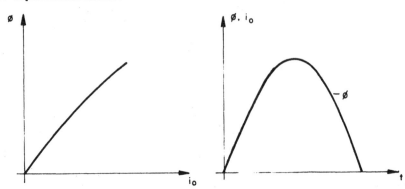

8. Por que, estando o secundário em $Y$, têm-se tensões de 3º harmônico na fase e não entre fases?

9. Provar que $I_{0L} \cong 0{,}91 \cdot \sqrt{3}\, I_{0f}$, considerando as suposições anteriormente referidas.

10. Por que, ao analisar o problema da interferência, preocupamo-nos fundamentalmente com o 3º harmônico e seus múltiplos?

11. Se o secundário do transformador estiver ligado em estrela aterrada, haveria circulação do 3º harmônico se a carga estivesse conectada em estrela não-aterrada? Por quê?

12. Esquematizar um núcleo com cinco colunas fazendo a ligação das bobinas no secundário em ziguezague e verificar, neste caso, a possibilidade do componente de 3º harmônico.

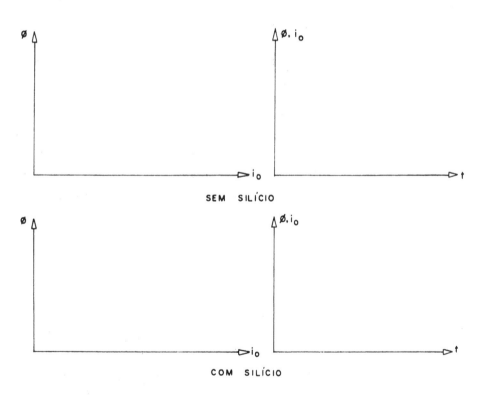

13. O que caracteriza um formato de corrente com componentes de 3º harmônico e seus múltiplos? Caso a onda não apresente tais componentes, qual o formato característico?

## 11. ENSAIOS A VAZIO E EM CURTO EM TRANSFORMADORES DE TRÊS CIRCUITOS

### 11.1. Preparação

Para a execução deste ensaio são necessários: transformadores com vários enrolamentos disponíveis; wattímetro; amperímetro; freqüencímetro; e voltímetro.

### 11.2. Execução

11.2.1. Conectar as bobinas de um transformador de modo a caracterizar um transformador de três enrolamentos. Anotar:

| PRIMÁRIO | | | SECUNDÁRIO | | | TERCIÁRIO | | |
|---|---|---|---|---|---|---|---|---|
| $V_{1n}$ | $S_{1n}$ | $I_{1n}$ | $V_{2n}$ | $S_{2n}$ | $I_{2n}$ | $V_{3n}$ | $S_{3n}$ | $I_{3n}$ |
| | | | | | | | | |

11.2.2. Alimentando-se o primário com a tensão nominal igual a _____ V, e estando o transformador na condição de vazio, registrar:

| $E_2$ (V) | $E_3$ (V) |
|---|---|
| | |

11.2.3. De modo a efetuar o primeiro ensaio em curto-circuito, montar:

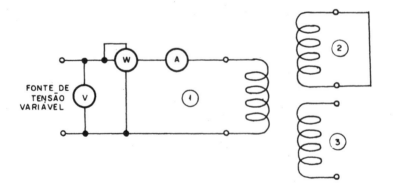

Aumentar a tensão até que a indicação do amperímetro corresponda à corrente nominal do primário. Nesta condição, registrar:

| INSTRUMENTO | V | W |
|---|---|---|
| GRANDEZA | $V_{12CC}$ | $P_{12CC}$ |
| VALOR LIDO | | |

**11.2.4.** Segundo técnica abordada na parte teórica, efetuar os outros dois ensaios em curto-circuito, colocando, respectivamente, as correntes nominais no primário (curtocircuitando o terciário, estando o secundário aberto) e no secundário (curtocircuitando o terciário, estando o primário aberto).

Registre:

| INSTRUMENTO | V | W | V | W |
|---|---|---|---|---|
| GRANDEZA | $V_{13CC}$ | $P_{13CC}$ | $V_{23CC}$ | $P_{23CC}$ |
| VALOR LIDO | | | | |

## 11.3. Análise

Após a execução do ensaio, devem-se analisar os resultados do mesmo; para tanto, sugere-se o seguinte guia:

1. Determinar as relações $K_{12}$, $K_{13}$ e $K_{23}$ para o transformador ensaiado.

| $K_{12}$ | $K_{13}$ | $K_{23}$ |
|---|---|---|
| | | |

2. Determinar para o transformador ensaiado:

| $Z_{12}\%$ | $Z_{13}\%$ | $Z'_{23}\%$ | $Z_{23}\%$ |
|---|---|---|---|
| | | | |

3. Determinar os parâmetros do circuito equivalente.

| $z_1\%$ | $z_2\%$ | $z_3\%$ |
|---|---|---|
| | | |

4. Provar que $Z\% = f(S_n)$ e que $Z_1\% = Z_2\%$ quando $S_{1n} = S_{2n}$.

5. Quais as vantagens e aplicações dos transformadores de três circuitos?

6. Por que se usa um tratamento fasorial para os valores percentuais nas análises teóricas realizadas? Como seriam obtidos a impedância e seu correspondente argumento por meio dos ensaios realizados?

7. Qual a expressão para a correção de impedância, caso o terceiro ensaio em curto-circuito fosse realizado fechando-se o curto pelo secundário e alimentando-se o terciário?

8. Mostrar que $K_{23} = \dfrac{K_{13}}{K_{12}}$

9. Quais os tipos de conexões e defasamentos angulares normalmente encontrados para os transformadores de três circuitos?

# Bibliografia

ABNT — *Normas da ABNT.*

ABREU, J. P. G. — *Sistemática de Obtenção e Alteração de Defasamentos Angulares de Transformadores Trifásicos,* Itajubá (MG): EFEI, 1980 (Tese de Mestrado).

BLUME, L. F. e BOYAJIAN, A. — *Transformer Connections:* Gen. Eletric, 1947.

BROSAN, G. S. — *Advanced Eletrical Power Machines,* London: Sir Isaac Pitman and Sons, 1966.

BUCHOLD e HAPPOLDT — *Centrales y Redes Eletricas,* Barcelona: Editorial Labor, 1971.

CARNEIRO, Romeu Rennó — *Usinas Hidroelétricas Características de Funcionamento das Máquinas,* Itajubá (MG): Fundação IEI, 1956.

E. E. STAFF DEL M. I. T. — *Circuitos Magneticos y Transformadores,* Barcelona: Editorial Reverté, 1965.

FITZGERALD, A. E., KINGSLEY JR., Charles e KUSKO, A. — *Máquinas Elétricas,* São Paulo: Mc Graw-Hill do Brasil, 1975.

KASATKIN, A. e PEREKALIN, M. — *Basic Eletrical Engineering,* Moscou: Pei. Publ hers, 1960.

KOSTENKO, M. e PIOTROVSKY, L. — *Eletrical Machines,* Moscou: Mir Publishers, 1968. Vol. 1.

LAWRENCE e RICHARDS — *Principles of Alternating — Current Machinery,* New York: Mc Graw-Hill, 1935.

LIWACHITZ-GARIK, Machael — *A — C Machines,* Princeton (EUA): D. Van Nostrand Co, 1966.

OLIVIERI e RAVELLI — *Eletrotecnica — Macchine Eletriche,* Padova (Itália): Caşa Editrice Dott A. Milani, 1962. Vol. 2.

Revistas *Mundo Elétrico,* diversos números.